居住空间设计施工图集

高华锋 杨 明 欧彩霞 主编

JUZHUKONGJIAN SHEJI
SHIGONG TUJI

化学工业出版社
·北京·

本书分为三套图纸，其中一套为教学案例讲解图纸，五居室；两套为实训教学案例图纸，包含一套两居室和一套三居室。教学案例贯穿《居住空间虚拟设计》（潘春亮等主编）中的业务洽谈、虚拟量房、方案设计、施工图绘制全部章节的讲解，读者在学习专业知识的同时，通过项目式案例、虚拟体验可以更好地掌握室内设计师岗位职业能力，提升读者对整体家装设计的沟通能力、设计能力；实训案例通过《居住空间虚拟设计》（潘春亮等主编）教材中实训任务的布置及要求，使读者独立完成该案例工程的模型创建、VR方案设计，从而提升读者的综合能力。

　　本书主要适用于建筑装饰工程技术、建筑室内设计、环境艺术设计和环境设计等建筑设计类相关专业的居住空间设计课程使用，也可作为装饰构造与识图、装饰施工图绘制等课程的教学案例，同时也可作为装饰设计公司、装饰施工企业设计人员学习的参考资料。

　　本图纸只可用于教学，不可用于施工。

图书在版编目（CIP）数据

居住空间设计施工图集/高华锋，杨明，欧彩霞主编.
—北京：化学工业出版社，2019.3（2023.1重印）
ISBN 978-7-122-33817-4

Ⅰ.①居…　Ⅱ.①高…②杨…③欧…　Ⅲ.①住宅-室内装饰设计-图集　Ⅳ.①TU241-64

中国版本图书馆 CIP 数据核字（2019）第 019826 号

责任编辑：李仙华　吕佳丽
责任校对：宋　玮　　　　　　　　　　　　装帧设计：张　辉

出版发行：化学工业出版社（北京市东城区青年湖南街 13 号　邮政编码 100011）
印　　装：涿州市般润文化传播有限公司
787mm×1092mm　1/8　印张 10　字数 231 千字　2023 年 1 月北京第 1 版第 2 次印刷

购书咨询：010-64518888　　售后服务：010-64518899
网　　址：http://www.cip.com.cn
凡购买本书，如有缺损质量问题，本社销售中心负责调换。

定　　价：29.00 元　　　　　　　　　　　　　　　　版权所有　违者必究

前　言

随着"一带一路"倡议的提出，高等职业教育的人才培养目标呈现出多元与综合的特征，培养目标以高素质国际化复合型技术技能型人才为主，而课程作为人才培养的核心要素，会不断进行改革，教学形式具有先进性和互动性，学习结果具有探究性和个性化。本书围绕建筑设计类相关专业人才培养方案及核心课程大纲的基本要求，初步尝试将虚拟技术融入传统的理论教学，内容以室内设计师岗位业务流程驱动项目化、团队学习、角色扮演的教学模式，将教学图纸贯穿教材《居住空间虚拟设计》（潘春亮等主编），理论与实训相结合，有效解决课堂教学与实训环节联系不紧密的问题，从而达到提升学生的设计能力和提升复合型技术技能型人才培养的目标。

本书共三套图纸，包含一套教学图纸和两套实训图纸，在《居住空间虚拟设计》（潘春亮等主编）中结合室内设计师职业岗位流程，进行全过程分析讲解。学生在学习理论知识的同时，通过虚拟技术、完整的项目案例掌握设计师职业素养及职业能力相关知识，提升学生沟通与表达能力、方案设计能力与施工图绘制能力。

本书主要适用于建筑装饰工程技术、建筑室内设计、环境艺术设计和环境设计等建筑设计类相关专业的居住空间设计课程使用，也可作为装饰构造与识图、装饰施工图绘制等课程的教学案例，同时也可作为装饰设计公司、装饰施工企业设计人员学习的参考资料。本图纸只可用于教学，不可用于施工。

由于编者水平有限，书中难免有不足之处，恳请广大读者批评指正，以便及时进行修订与完善。为了方便读者更好的学习与制作方案，并与我们交流，欢迎各位读者加入装饰 VR 课程开发交流群【QQ 群号：324418453（该群为实名制，入群读者申请以"单位＋姓名"命名）】，该群为广大读者提供与教材编写人员的交流机会。

编　者
2019 年 2 月

目　录

教学案例　五居室

设 计 图 纸 目 录

工程概况及设计说明

1 工程概况

1.1 工程名称：某五居室

1.2 客户姓名：李××，户型：五室两厅一厨三卫

1.3 建筑面积：221m²，套内面积：205m²，装饰面积：937.16m²

1.4 建筑层数：16 层

1.5 设计师姓名：欧彩霞，级别：普通，部门：三中心

1.6 客户需求：客户喜欢新中式的装饰，爱好轻松自然，多考虑餐厅和厨房，好收拾、好储藏，家具以深色为主，要求设计中能够传达"家中有景，景中有家"的文化底蕴。

1.7 设计风格：新中式风格是中式元素与现代材质兼柔的一种风格。也是目前住宅别墅装修最流行的风格之一，新中式风格更多的体现空间层次感。

1.8 设计范围：本案设计内容为全案设计，包括结构设计、天花、地面、平面、水电路、立面索引，节点大样及主材的选择搭配，后期施工的节点交底，工地跟进，工地问题的协调沟通。

1.9 功能说明：本案的设计内容为全案设计，包括整体结构空间的合理化调整及每个空间的具体功能分析，整套图纸内容包括测量图、结构设计、天花、灯位插座、地面、平面、水电路、立面、节点大样。

2 设计依据

2.1 室内设计方案

甲方提供的装修意见文件和设计任务书

2.2 参照标准

2.2.1 GB 50096—2011《住宅设计规范》

2.2.2 GB 50034—2013《建筑照明设计标准》

2.2.3 GB 50003—2011《砌体结构设计规范》

2.2.4 JGJ 242—2011《住宅建筑电气设计规范》

2.2.5 2012 年《东易日盛图纸设计标准》

3 绘图依据

3.1 GB/T 50001—2017《房屋建筑制图统一标准》

3.2 JGJ/T 244—2011《房屋建筑室内装饰装修制图标准》

3.3 DBJ 01-613—2002《北京市建筑装饰装修工程设计制图标准》

3.4 《××设计公司图纸设计标准》

4 图纸说明

4.1 本图纸标高为设计标高，应以实际现场放线标高为准，如放线后存在与图纸不符问题，应及时与设计师沟通确认。

4.2 图纸标注尺寸如与现场放线存在差异，应与设计师确认后施工。

4.3 如现场出现变更、洽商，必须通知设计出具相应图纸，签字确认后方可实施。

4.4 设计图纸中排砖效果及尺寸为参考尺寸，应以现场实际排砖尺寸为准。

4.5 所有非现场制作木作项目，如门、窗套、橱柜、壁柜、浴室柜等应以分项设计方案及深化设计图纸、现场实际测量尺寸为准。

5 分项验收及材料环保要求

5.1 GB 50210—2018《建筑装饰装修工程质量验收规范》

5.2 GB 50203—2011《砌筑结构工程施工质量验收规范》

5.3 GB 50209—2010《建筑地面工程施工质量验收规范》

5.4 GB 50303—2015《建筑电气工程施工质量验收规范》

5.5 GB 50242—2002《建筑给水排水及采暖工程施工质量验收规范》

5.6 GB 50325—2010《民用建筑工程室内环境污染控制规范》

6 特别说明

6.1 本图纸所标所有空调、烟感、喷淋、温控、检修口、消防栓、火警报警器、机电及消防位置只做示意。

6.2 因图纸尺寸为现场测量尺寸，图纸绘制尺寸会与现场存在偏差，应以实际现场放线尺寸为准。

设 计 图 纸 图 例

图例	说明	图例	说明	图例	说明	图例	说明
	暗装10A五孔插座		单控单联翘板开关		结构墙体		单层窗
	地面五孔插座		单控双联翘板开关		隔断		立转窗
	暗装10A五孔防水插座		单控三联翘板开关		栏杆		
	冰箱16A三孔插座		浴霸翘板开关		预制水泥空心板墙拆除		单层外开平开窗
	空调16A三孔插座		双控单联翘板开关		水泥压力板墙拆除		
	电视插座		双控双联翘板开关		轻钢龙骨墙体拆除		单层内开平开窗
	电话插座		格栅日光灯		砌块墙体拆除		
	宽带网插座		射灯		新建轻钢龙骨石膏板墙体		单扇门
	弱电箱		可调角度射灯		新建砌块墙体		
	配电箱		装饰花灯		新建砖砌墙体		双扇门
	对讲主机		吸顶灯		玻璃墙体		推拉门
	紧急按钮		暗装筒灯		木制墙体		墙外单扇推拉门
	风机盘管		暗装防水防雾筒灯		旋转门		墙外双扇推拉门
	空调出风口		壁灯		竖向卷帘门		墙中单扇推拉门
	空调回风口		地灯		横向卷帘门		墙中双扇推拉门
	空调新风口		暗装管灯				
	排风扇		烟道				
	暗装带排风浴霸						
	分水器		通风道				
	暖气						
	燃气表				底层楼梯		
	空调温控开关		坡道				
	下水竖向主管道(不同规格)				中间层楼梯		楼梯
	地面排水口						
	地漏		下				
	检查孔				顶层楼梯		
	截止阀		石膏阴角线				
±0.000	标高符号		过门石				
0.000	净高符号		波打线				

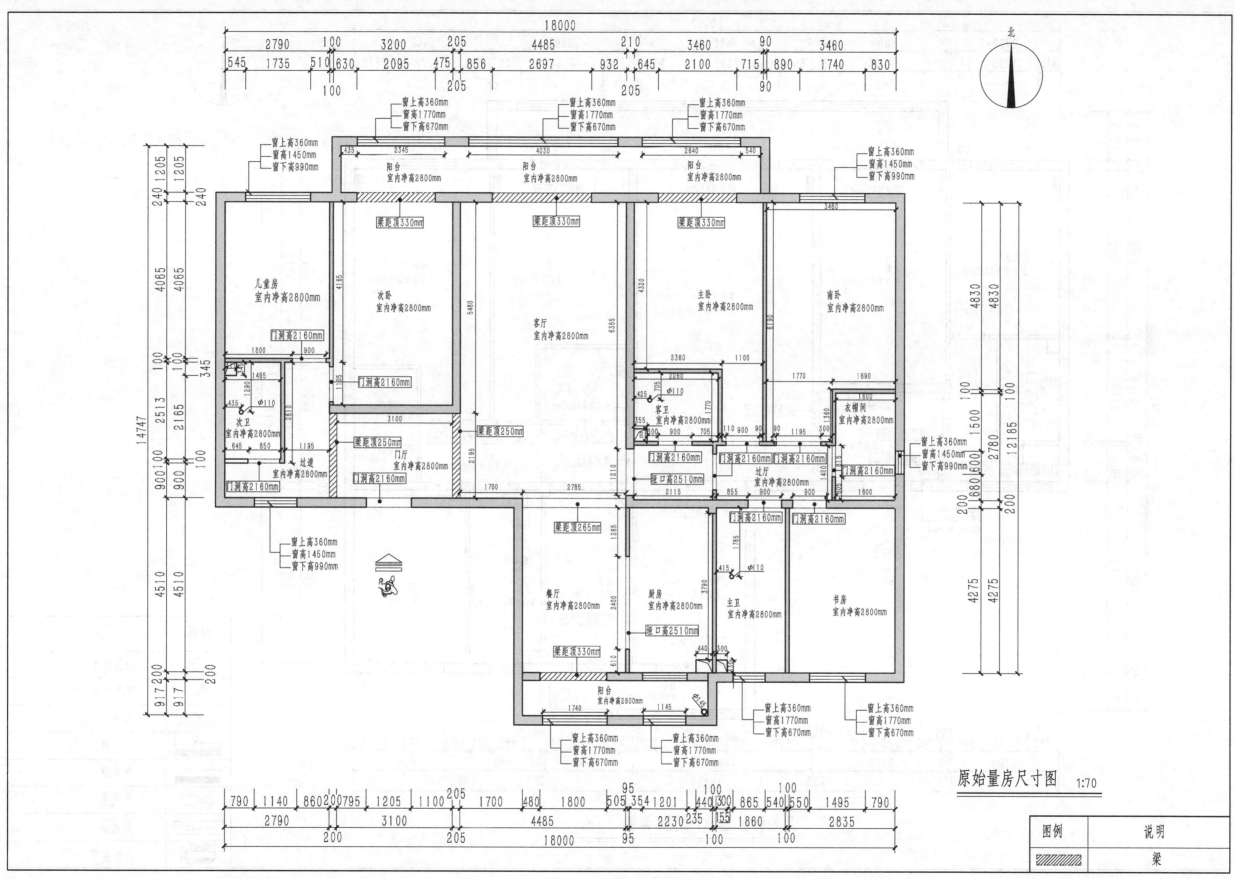

北

18000

窗上高360mm
窗高1770mm
窗下高670mm

窗上高360mm
窗高1770mm
窗下高670mm

窗上高360mm
窗高1770mm
窗下高670mm

窗上高360mm
窗高1450mm
窗下高990mm

窗上高360mm
窗高1450mm
窗下高990mm

阳台
室内净高2800mm

阳台
室内净高2800mm

阳台
室内净高2800mm

梁距顶330mm

梁距顶330mm

梁距顶330mm

儿童房
室内净高2800mm

次卧
室内净高2800mm

客厅
室内净高2800mm

主卧
室内净高2800mm

南卧
室内净高2800mm

门洞高2160mm

门洞高2160mm

次卫
室内净高2800mm

客卫
室内净高2800mm

衣帽间
室内净高2800mm

过道
室内净高2800mm

梁距顶250mm

门厅
室内净高2800mm

梁距顶250mm

门洞高2160mm

门洞高2160mm

门洞高2160mm

门洞高2160mm

门洞高2160mm

过厅
室内净高2800mm

窗上高360mm
窗高1450mm
窗下高990mm

门洞高2160mm

门洞高2160mm

垭口高2510mm

梁距顶265mm

门洞高2160mm

门洞高2160mm

餐厅
室内净高2800mm

厨房
室内净高2800mm

主卫
室内净高2800mm

书房
室内净高2800mm

垭口高2510mm

梁距顶330mm

阳台
室内净高2800mm

窗上高360mm
窗高1770mm
窗下高670mm

窗上高360mm
窗高1770mm
窗下高670mm

窗上高360mm
窗高1770mm
窗下高670mm

窗上高360mm
窗高1770mm
窗下高670mm

18000

原始量房尺寸图 1:70

图例	说明
	梁

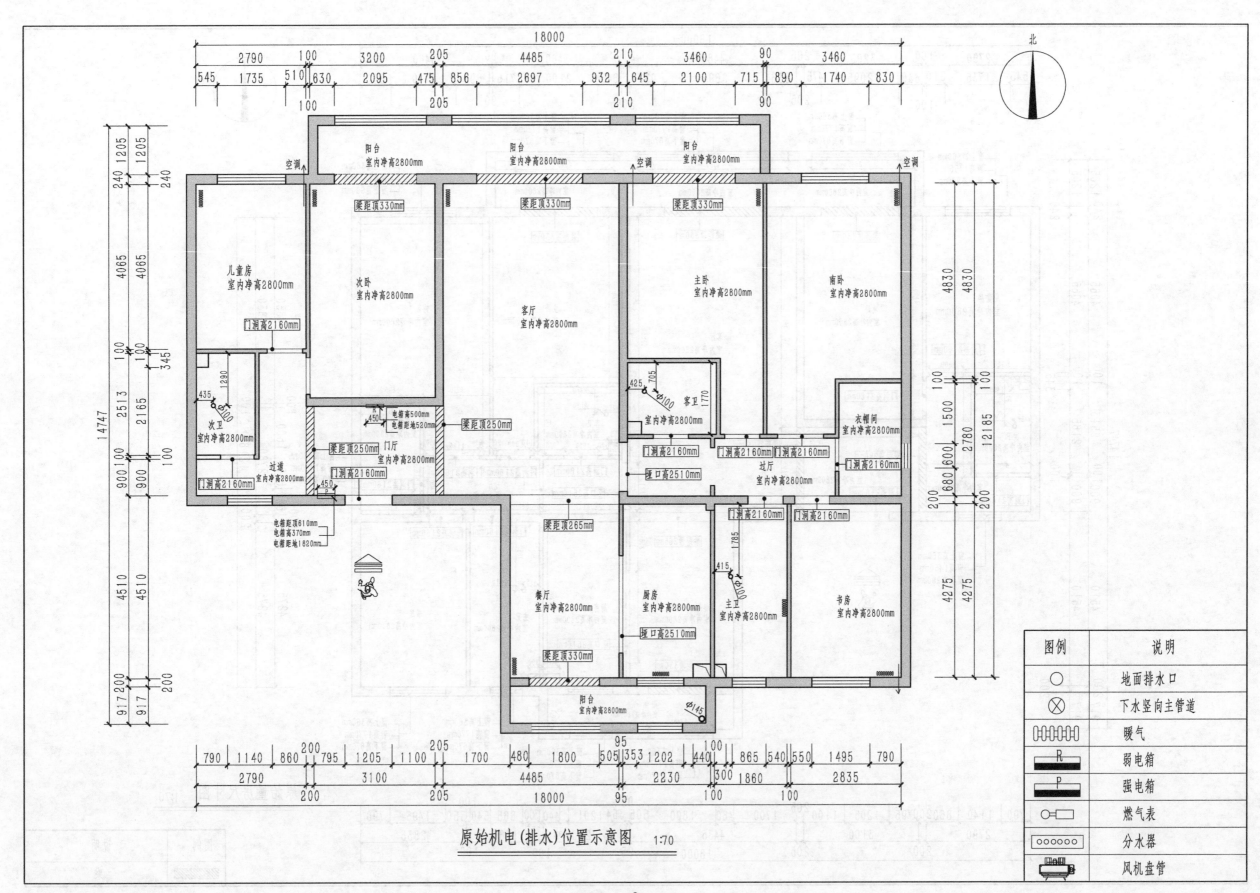

原始机电(排水)位置示意图　1:70

图例	说明
○	地面排水口
⊗	下水竖向主管道
⦿⦿⦿⦿	暖气
R	弱电箱
P	强电箱
⊶□	燃气表
⦿⦿⦿⦿⦿⦿	分水器
▦	风机盘管

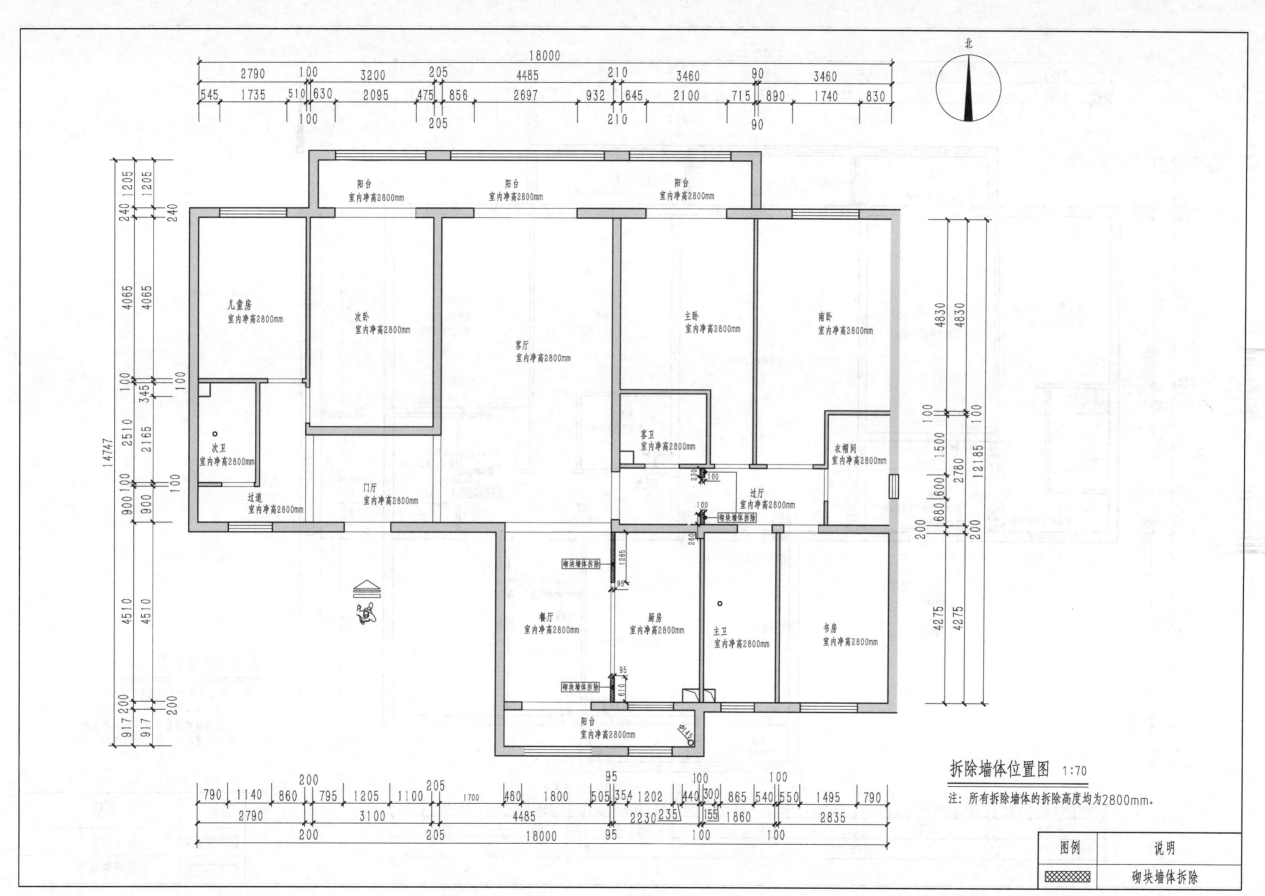

拆除墙体位置图 1:70

注: 所有拆除墙体的拆除高度均为2800mm。

图例	说明
	砌块墙体拆除

·7·

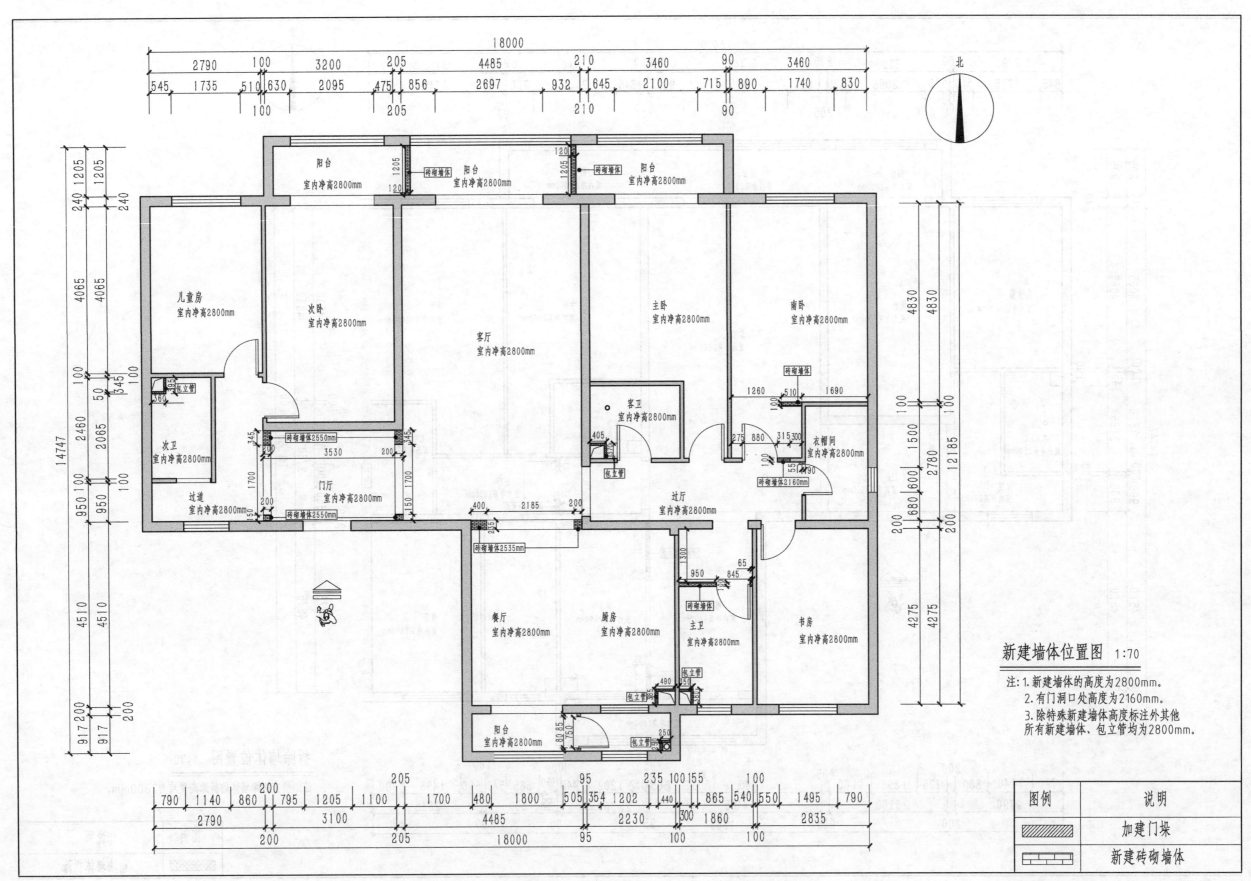

新建墙体位置图 1:70

注: 1. 新建墙体的高度为2800mm。
2. 有门洞口处高度为2160mm。
3. 除特殊新建墙体高度标注外其他
所有新建墙体、包立管均为2800mm。

图例	说明
	加建门垛
	新建砖砌墙体

· 8 ·

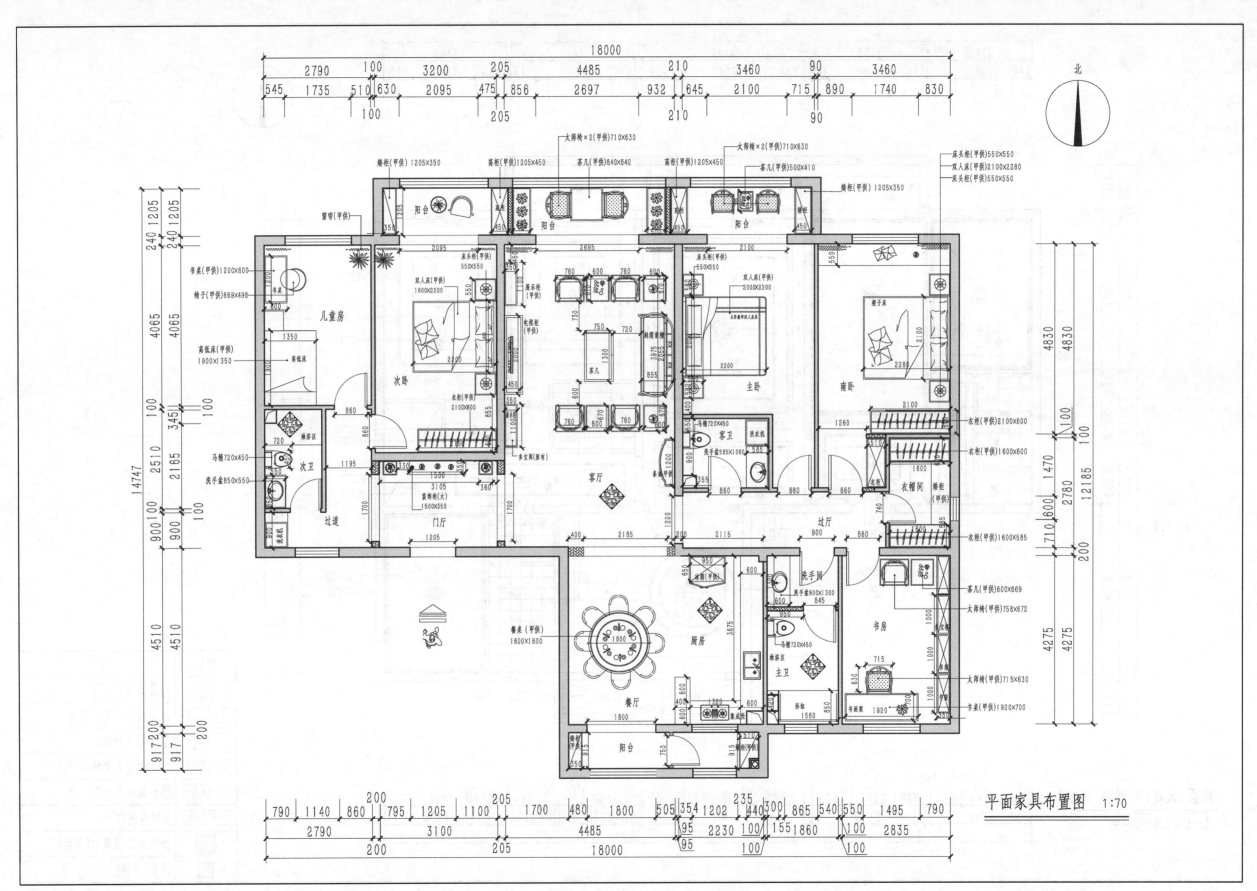

平面家具布置图 1:70

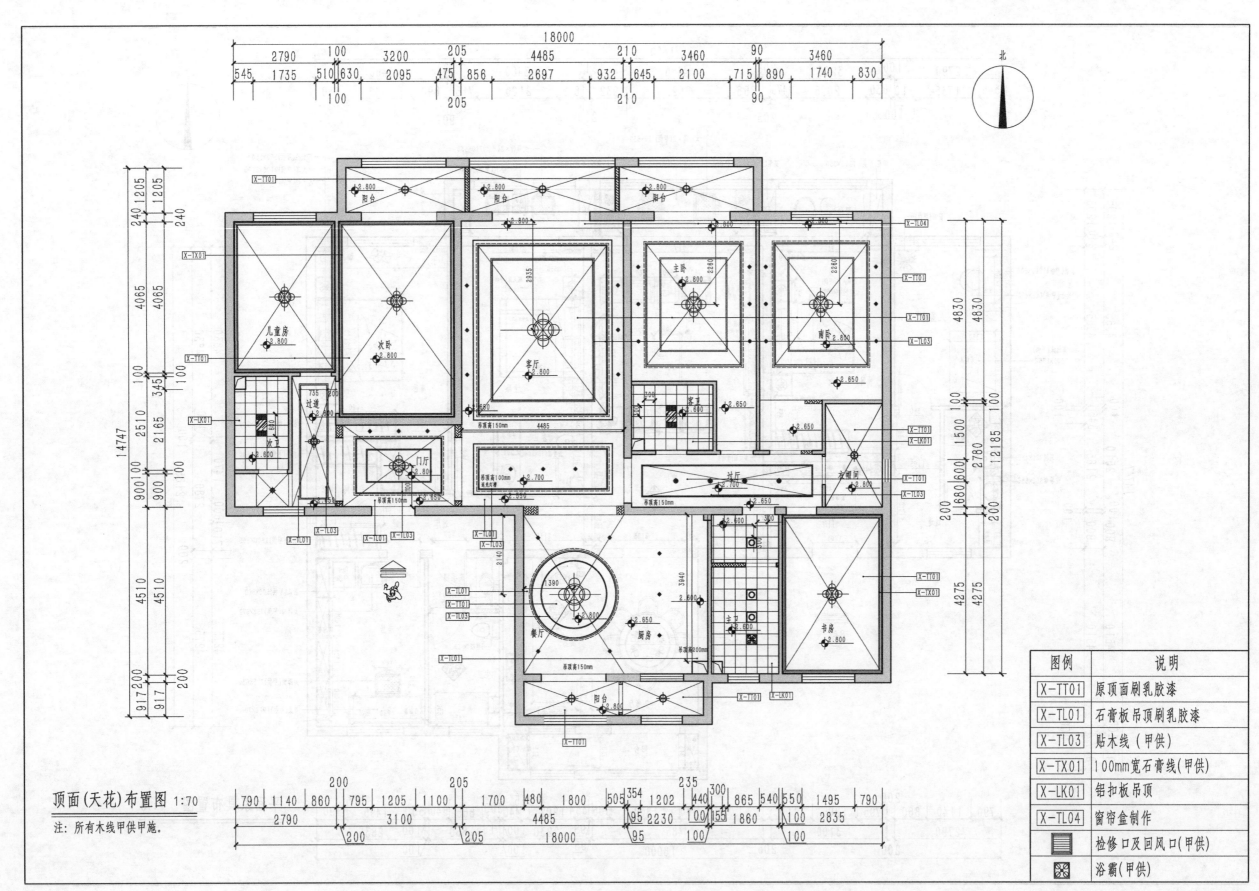

顶面(天花)布置图 1:70
注: 所有木线甲供甲施.

图例	说明
X-TT01	原顶面刷乳胶漆
X-TL01	石膏板吊顶刷乳胶漆
X-TL03	贴木线（甲供）
X-TX01	100mm宽石膏线(甲供)
X-LK01	铝扣板吊顶
X-TL04	窗帘盒制作
	检修口及回风口(甲供)
	浴霸(甲供)

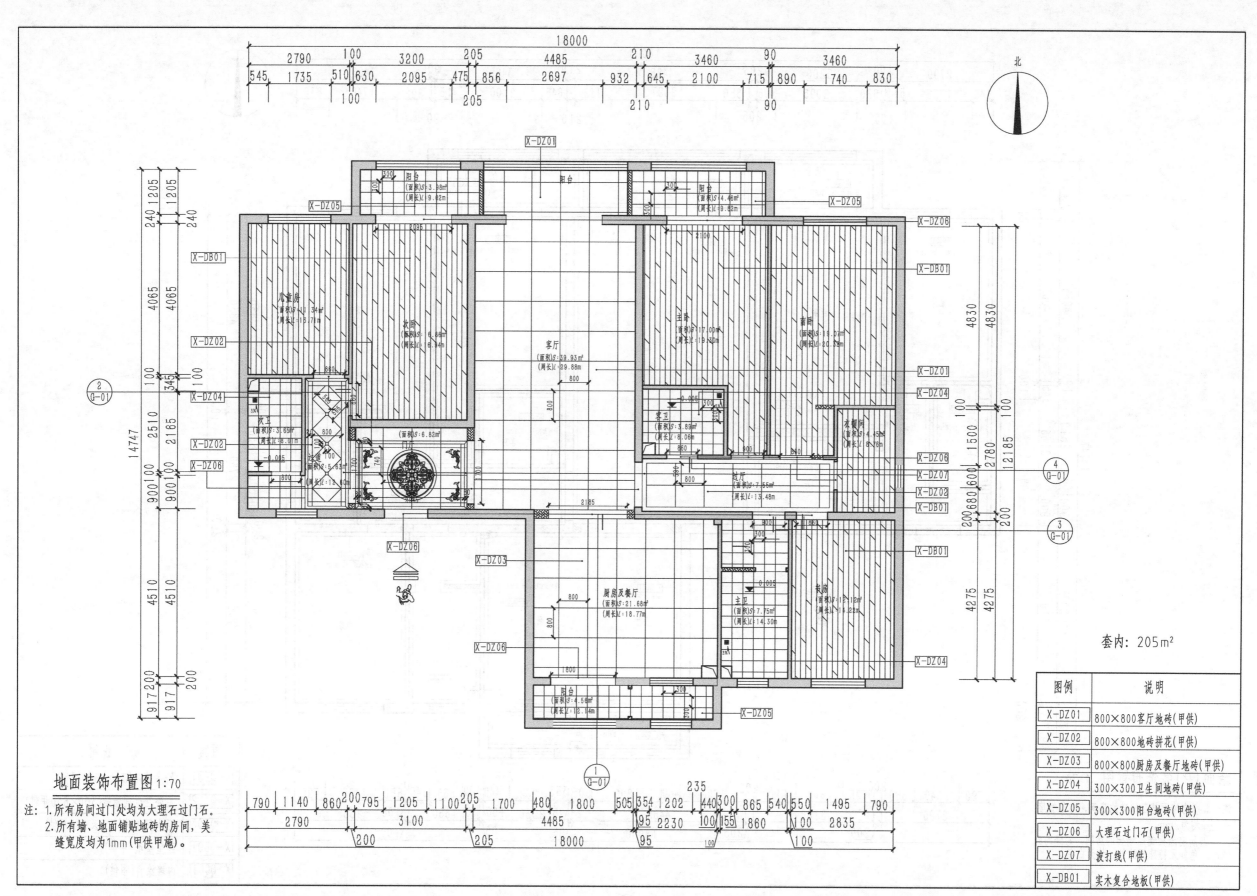

18000

2790 100 3200 205 4485 210 3460 90 3460

545 1735 510 630 2095 475 856 2697 932 645 2100 715 890 1740 830

100 205 210 90

北

X-DZ01

阳台
(面积)S:3.98m²
(周长)L:9.92m

阳台

阳台
(面积)S:4.46m²
(周长)L:19.82m

X-DZ05 X-DZ05 X-DZ06

X-DB01 X-DB01

240 1205 1205 240

儿童房
(面积)S:11.34m²
(周长)L:15.71m

次卧
(面积)S:6.86m²
(周长)L:8.84m

主卧
(面积)S:17.00m²
(周长)L:19.50m

面卧
(面积)S:19.01m²
(周长)L:20.53m

4065 4065

X-DZ02

客厅
(面积)S:39.93m²
(周长)L:29.88m

X-DZ01

2
G-01

X-DZ04

X-DZ04

14747 2510 2165 100 345 100

次卫
(面积)S:3.85m²
(周长)L:18.01m

过道
(面积)S:5.63m²
(周长)L:18.40m

(面积)S:6.82m²

客卫
(面积)S:3.89m²
(周长)L:8.06m

衣帽间
(面积)S:4.45m²
(周长)L:8.76m

X-DZ02

X-DZ06

X-DZ06

X-DZ07

X-DZ02

X-DB01

4
G-01

900 100 900 100

过厅
(面积)S:7.55m²
(周长)L:13.48m

X-DB01

3
G-01

X-DZ06

X-DZ03

厨房及餐厅
(面积)S:21.68m²
(周长)L:18.77m

主卫
(面积)S:7.75m²
(周长)L:14.30m

长房
(面积)S:12.12m²
(周长)L:14.23m

4510 4510

X-DZ06

X-DZ04

阳台
(面积)S:4.56m²
(周长)L:12.14m

X-DZ05

套内：205m²

917 200 917 200

地面装饰布置图 1:70

注：1.所有房间过门处均为大理石过门石。
   2.所有墙、地面铺贴地砖的房间，美
     缝宽度均为1mm(甲供甲施)。

790 1140 860 200 795 1205 1100 205 1700 480 1800 505 354 1202 440 300 865 540 550 1495 790

2790 3100 4485 95 2230 100 155 1860 100 2835

200 205 18000 95 100 100

235

图例	说明
X-DZ01	800×800客厅地砖(甲供)
X-DZ02	800×800地砖拼花(甲供)
X-DZ03	800×800厨房及餐厅地砖(甲供)
X-DZ04	300×300卫生间地砖(甲供)
X-DZ05	300×300阳台地砖(甲供)
X-DZ06	大理石过门石(甲供)
X-DZ07	波打线(甲供)
X-DB01	实木复合地板(甲供)

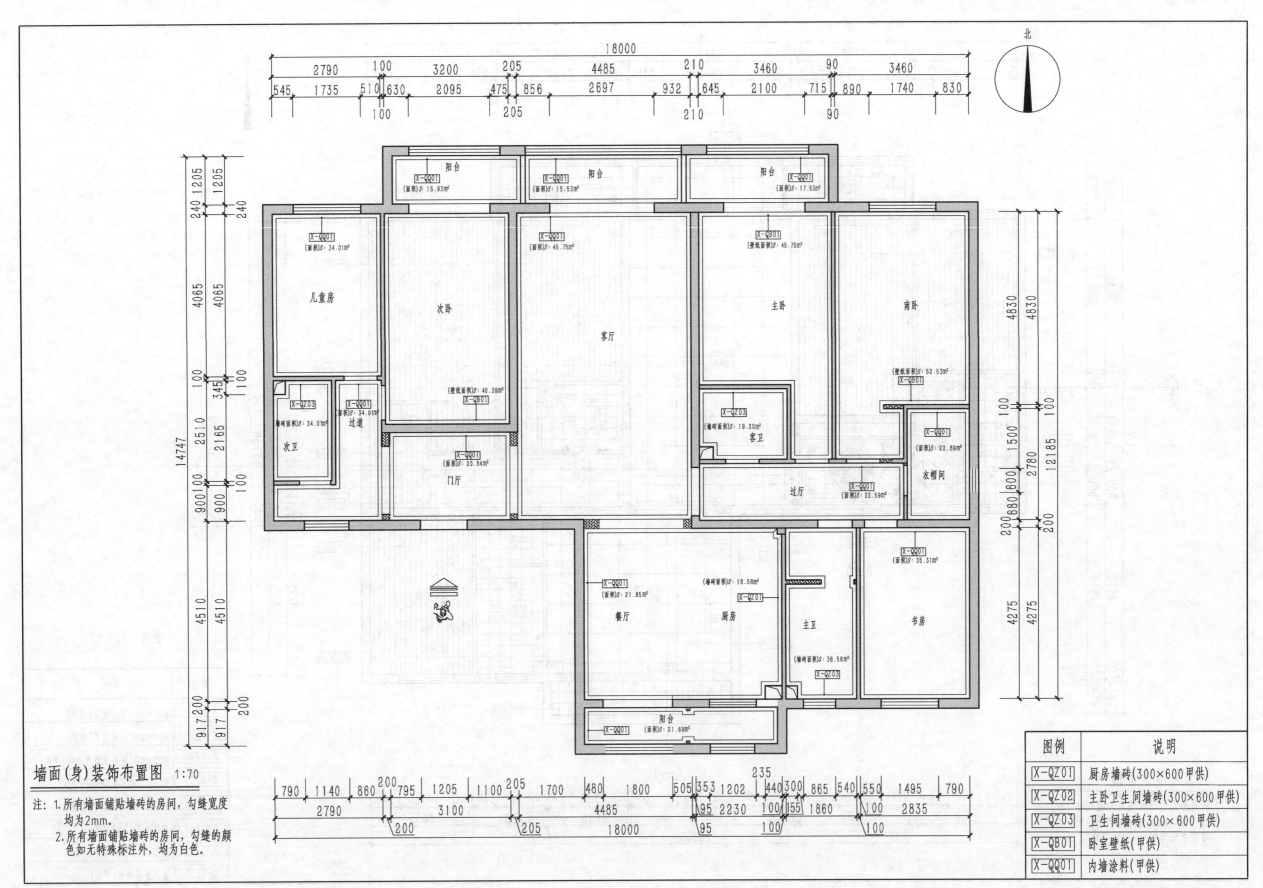

北

18000

2790   100   3200   205   4485   210   3460   90   3460

545 | 1735 | 510 | 630 | 2095 | 475 | 856 | 2697 | 932 | 645 | 2100 | 715 | 890 | 1740 | 830

100   205   210   90

阳台
X-QQ01
(面积)S:15.93m²

阳台
X-QQ01
(面积)S:15.53m²

阳台
X-QQ01
(面积)S:17.63m²

X-QQ01
(面积)S:34.01m²

X-QQ01
(面积)S:45.75m²

X-QB01
(壁纸面积)S:45.75m²

儿童房

次卧

客厅

主卧

南卧

X-QB01
(壁纸面积)S:52.53m²

X-QZ03
(墙砖面积)S:34.01m²

X-QQ01
(面积)S:34.01m²

过道

(壁纸面积)S:40.39m²
X-QB01

X-QZ03
(墙砖面积)S:19.20m²

客卫

X-QQ01
(面积)S:22.89m²

次卫

门厅

X-QQ01
(面积)S:20.84m²

过厅

X-QQ01
(面积)S:22.59m²

衣帽间

X-QQ01
(面积)S:35.31m²

X-QQ01
(面积)S:21.85m²

(墙砖面积)S:18.58m²
X-QZ01

餐厅

厨房

主卫

书房

(墙砖面积)S:36.58m²
X-QZ03

阳台
X-QQ01
(面积)S:21.69m²

240 | 1205 | 1205 | 240
4065 | 4065
100 | 345 | 100
2510 | 2165
14747
900 | 100 | 900 | 100
4510 | 4510
917 | 200 | 917 | 200

4830 | 4830
100 | 100
1500
12185 | 2780
200 | 680 | 600 | 200
4275 | 4275

墙面(身)装饰布置图   1:70

注:1.所有墙面铺贴墙砖的房间,勾缝宽度
     均为2mm。
  2.所有墙面铺贴墙砖的房间,勾缝的颜
     色如无特殊标注外,均为白色。

790 | 1140 | 860 | 200 | 795 | 1205 | 1100 | 205 | 1700 | 480 | 1800 | 505 | 353 | 1202 | 440 | 300 | 865 | 540 | 550 | 1495 | 790

235

2790 | 3100 | 4485 | 95 | 2230 | 100 | 155 | 1860 | 100 | 2835

200 | 205 | 95 | 100 | 100

18000

图例	说明
X-QZ01	厨房墙砖(300×600甲供)
X-QZ02	主卧卫生间墙砖(300×600甲供)
X-QZ03	卫生间内墙砖(300×600甲供)
X-QB01	卧室壁纸(甲供)
X-QQ01	内墙涂料(甲供)

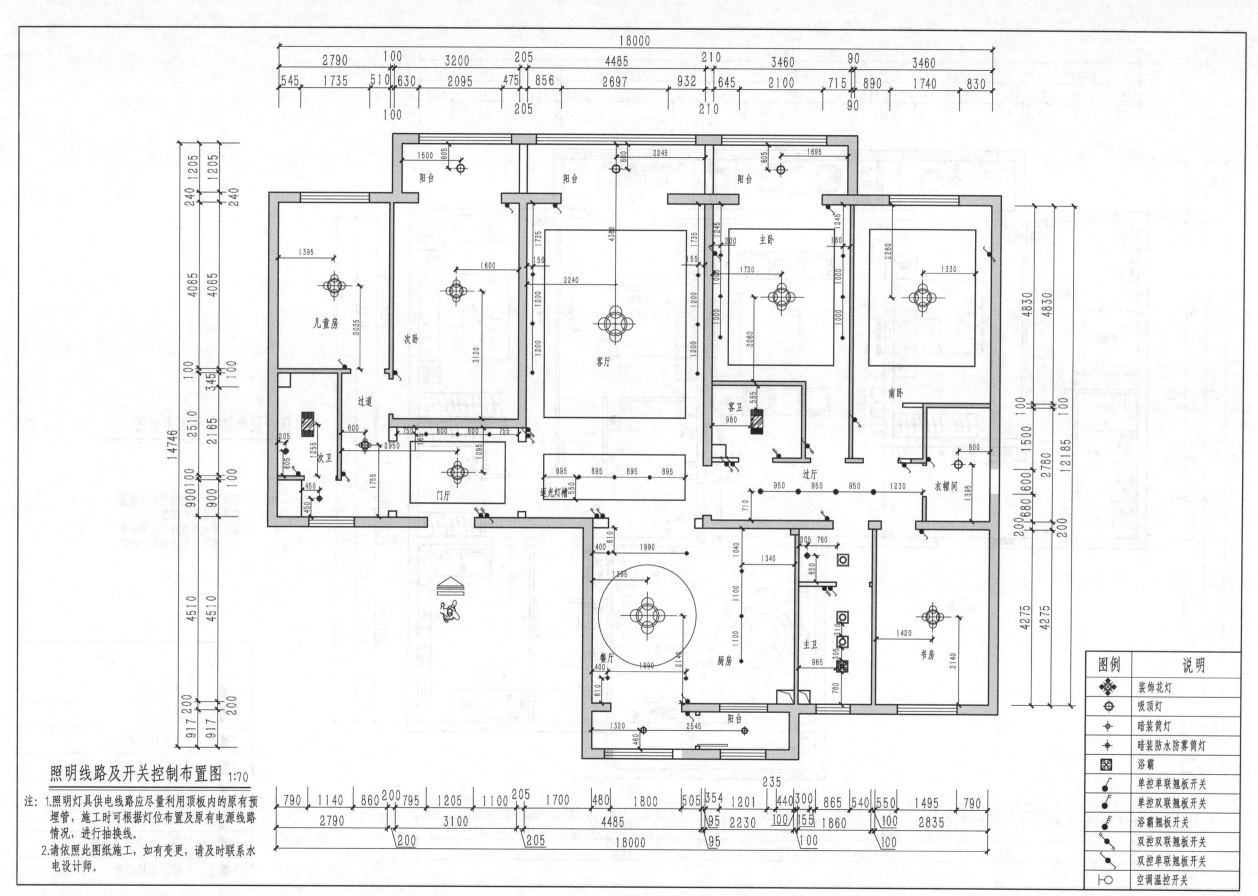

照明线路及开关控制布置图 1:70

注：1.照明灯具供电线路应尽量利用顶板内的原有预埋管，施工时可根据灯位布置及原有电源线路情况，进行抽换线。
2.请依照此图纸施工，如有变更，请及时联系水电设计师。

阳台
阳台
阳台
儿童房
次卧
主卧
客厅
南卧
过道
客卫
过厅
次卫
衣帽间
门厅
灯光灯槽
餐厅
厨房
主卫
书房
阳台

图例	说明
	装饰花灯
	吸顶灯
	暗装筒灯
	暗装防水防雾筒灯
	浴霸
	单控单联翘板开关
	单控双联翘板开关
	浴霸翘板开关
	双控双联翘板开关
	双控单联翘板开关
	空调温控开关

· 13 ·

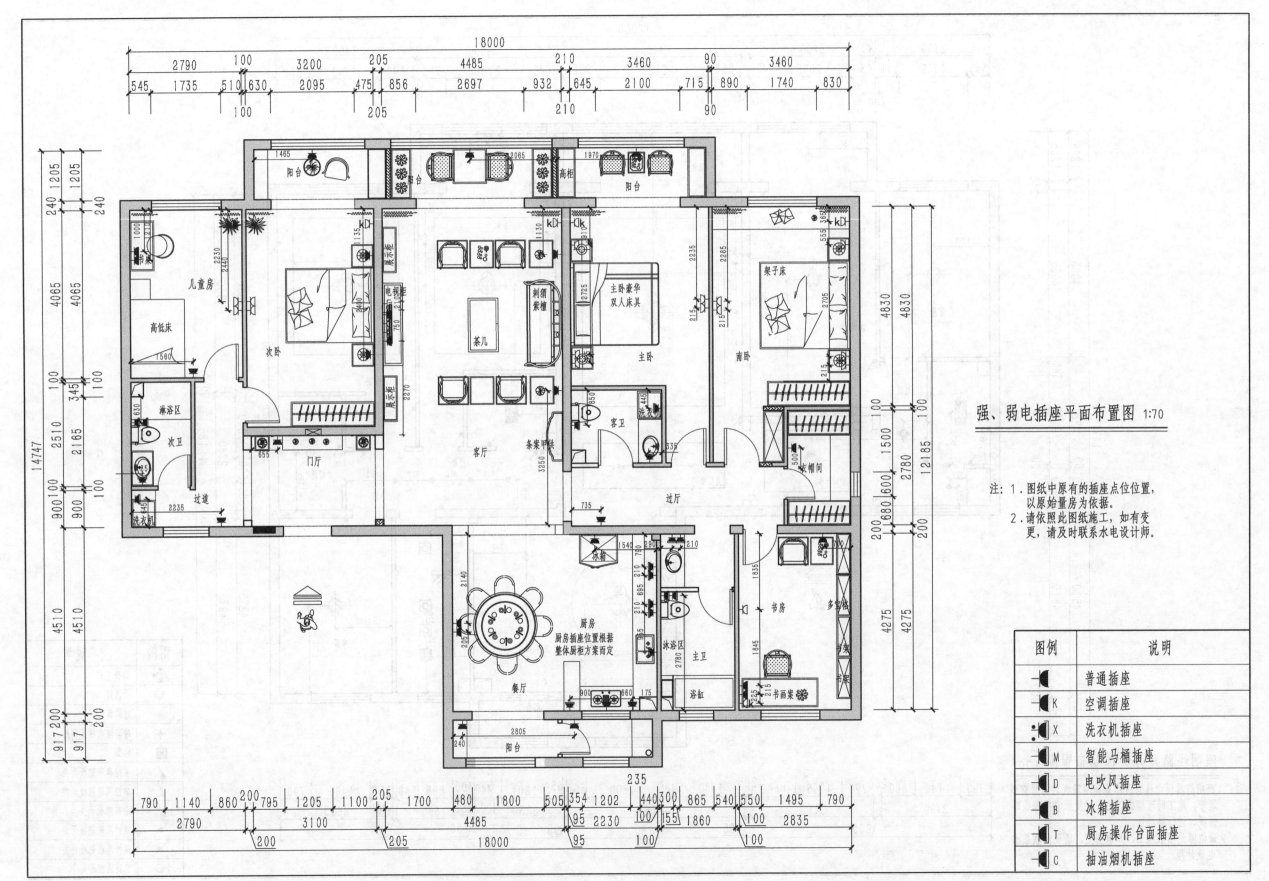

强、弱电插座平面布置图 1:70

注: 1. 图纸中原有的插座点位位置, 以原始量房为依据。
2. 请依照此图纸施工, 如有变更, 请及时联系水电设计师。

图例	说明
◖	普通插座
◖K	空调插座
⦂◖X	洗衣机插座
◖M	智能马桶插座
◖D	电吹风插座
◖B	冰箱插座
◖T	厨房操作台面插座
◖C	抽油烟机插座

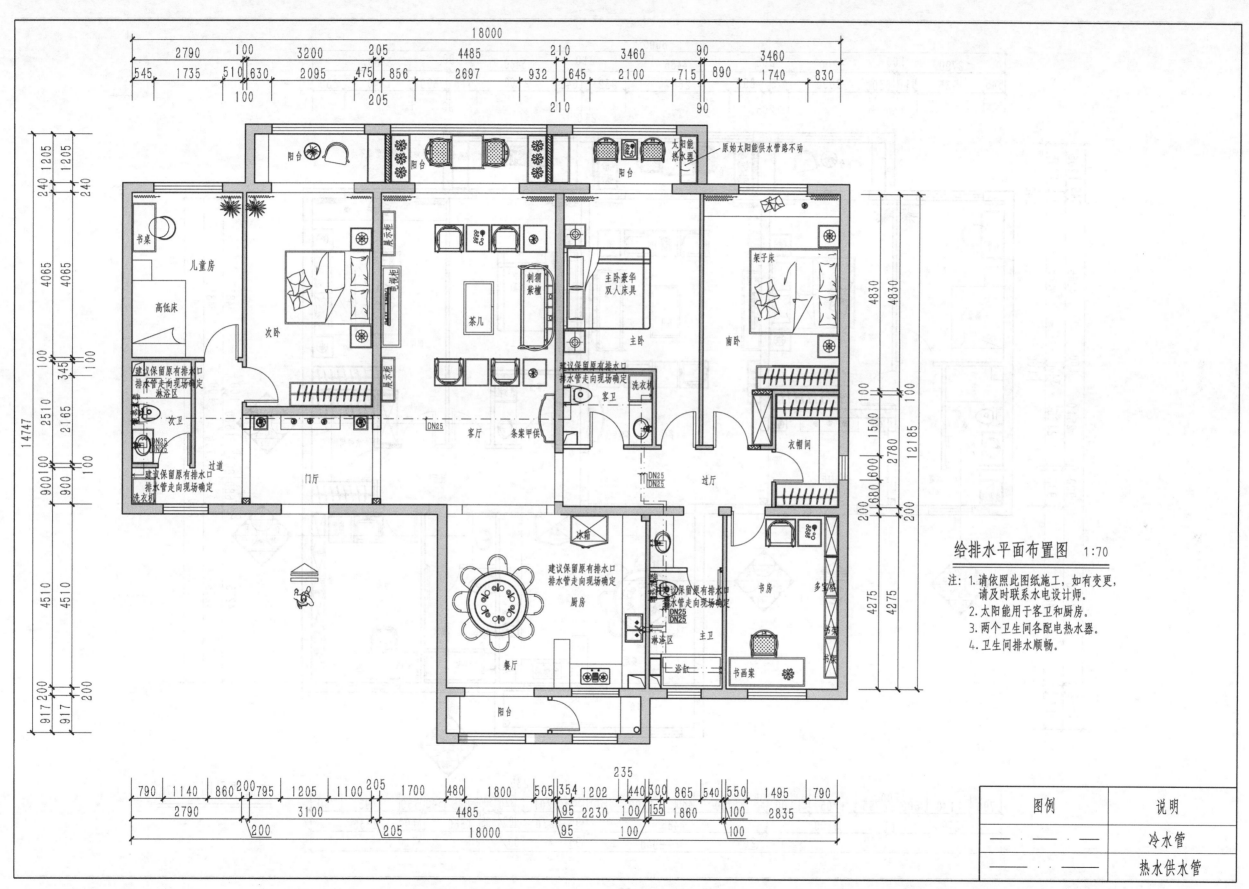

给排水平面布置图 1:70

注: 1. 请依照此图纸施工,如有变更,
      请及时联系水电设计师。
    2. 太阳能用于客卫和厨房。
    3. 两个卫生间各配电热水器。
    4. 卫生间排水顺畅。

图例	说明
—————————	冷水管
—————————	热水供水管

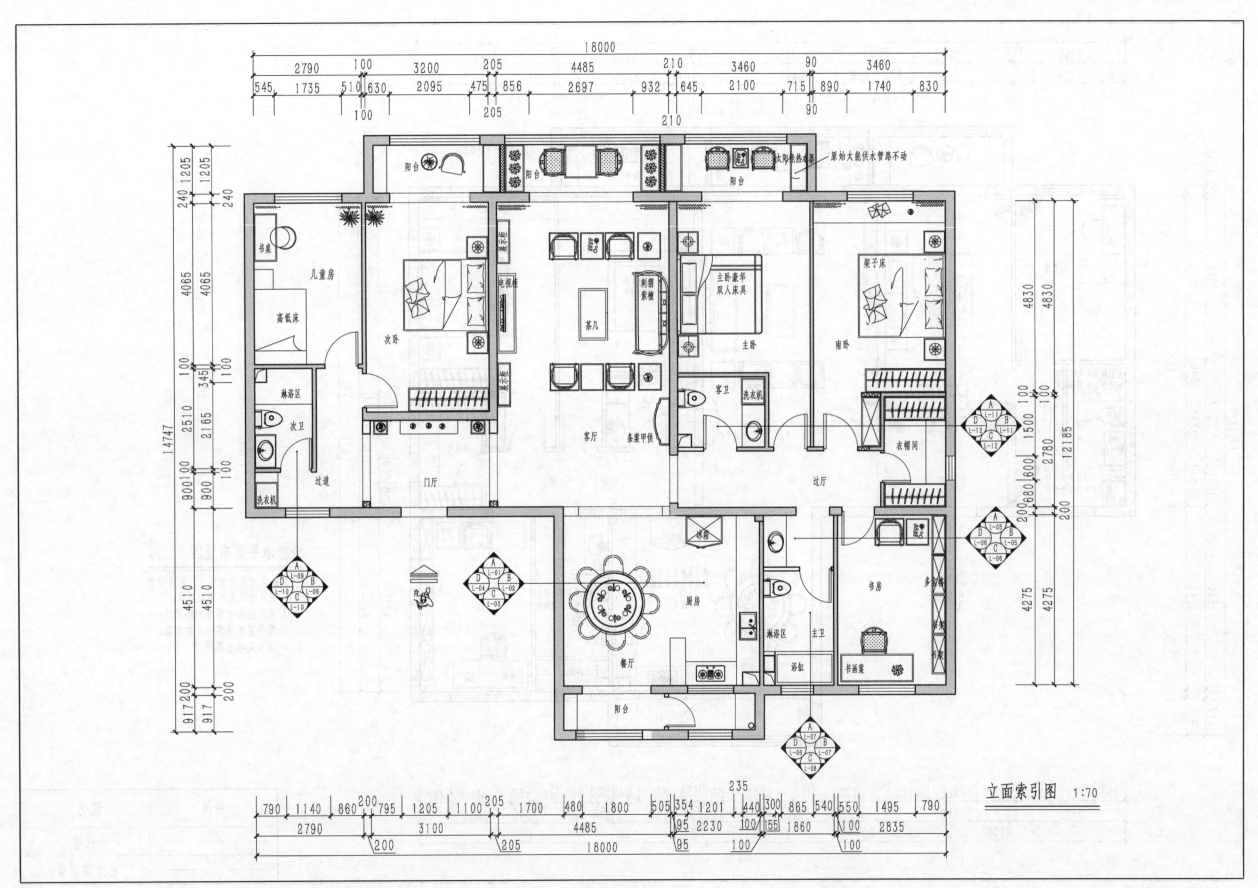

立面索引图 1:70

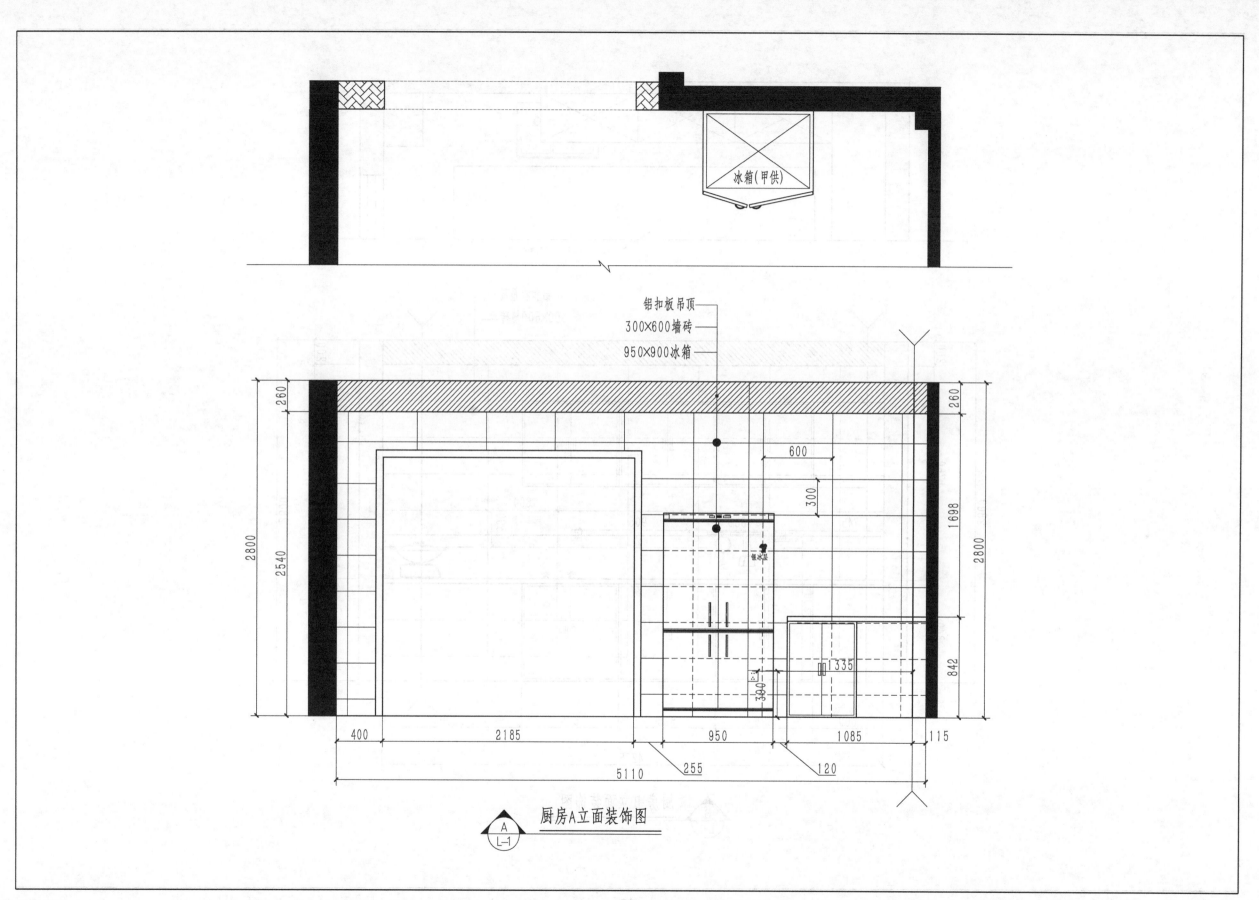

冰箱(甲供)

铝扣板吊顶
300×600墙砖
950×900冰箱

260
300
600
1698
2800
260
2800
2540
1335
390
842
400
2185
950
1085
115
255
120
5110

厨房A立面装饰图

A
L—1

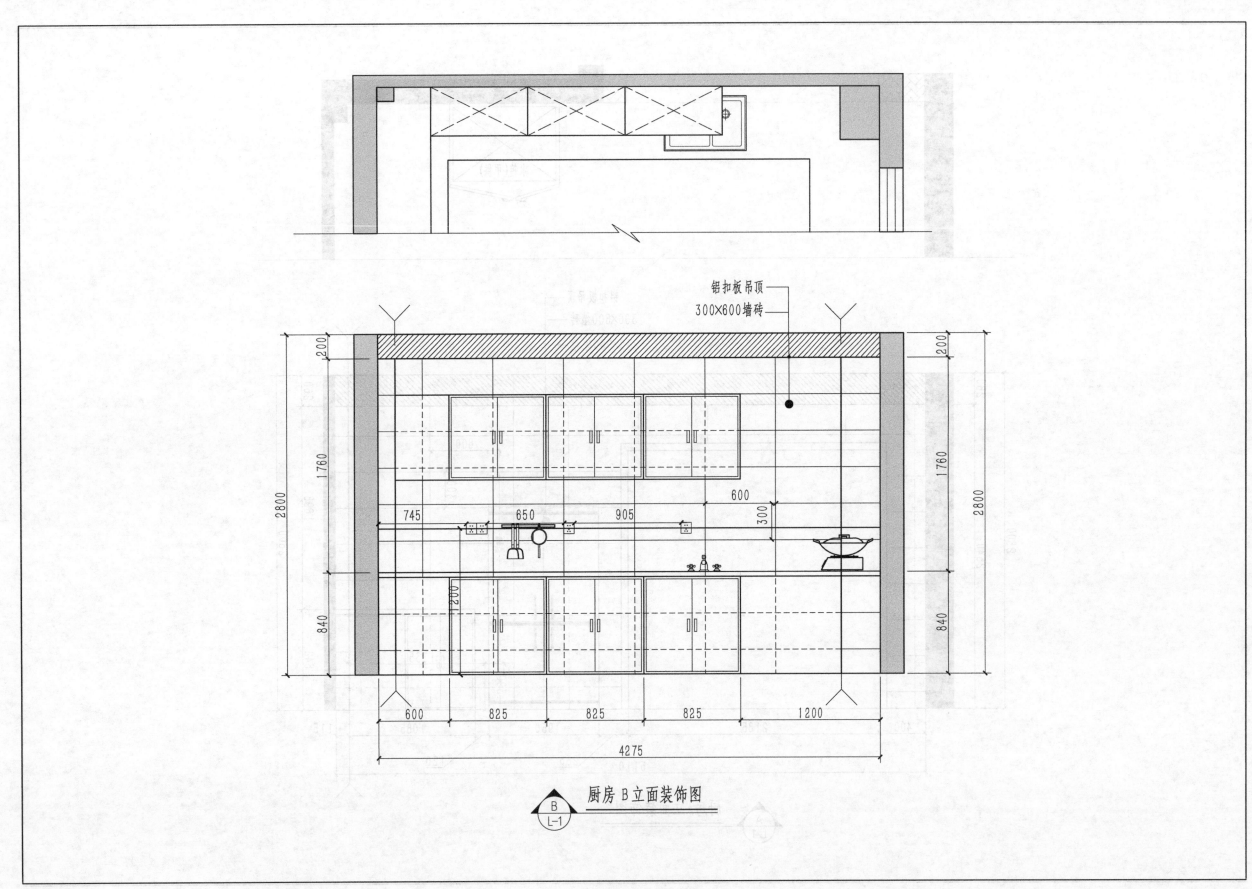

铝扣板吊顶
300×600墙砖

200
1760
2800
840

745   650   905
600
300

200
1760
2800
840

600   825   825   825   1200

4275

厨房 B 立面装饰图

B
L-1

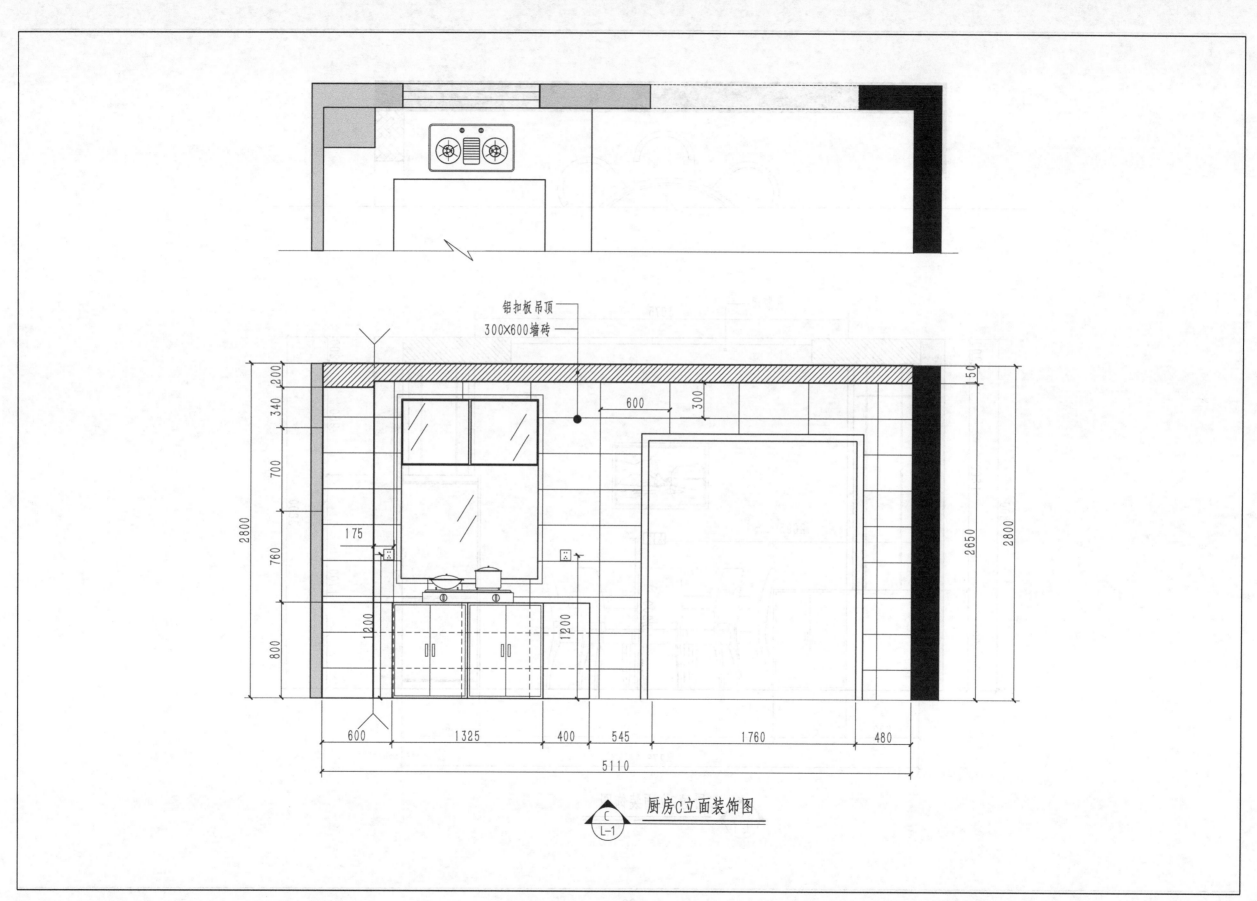

铝扣板吊顶
300×600墙砖

600
300
150
340
200
700
2800
175
760
2650
2800
1200
1200
800

600 1325 400 545 1760 480
5110

厨房C立面装饰图

C
L—1

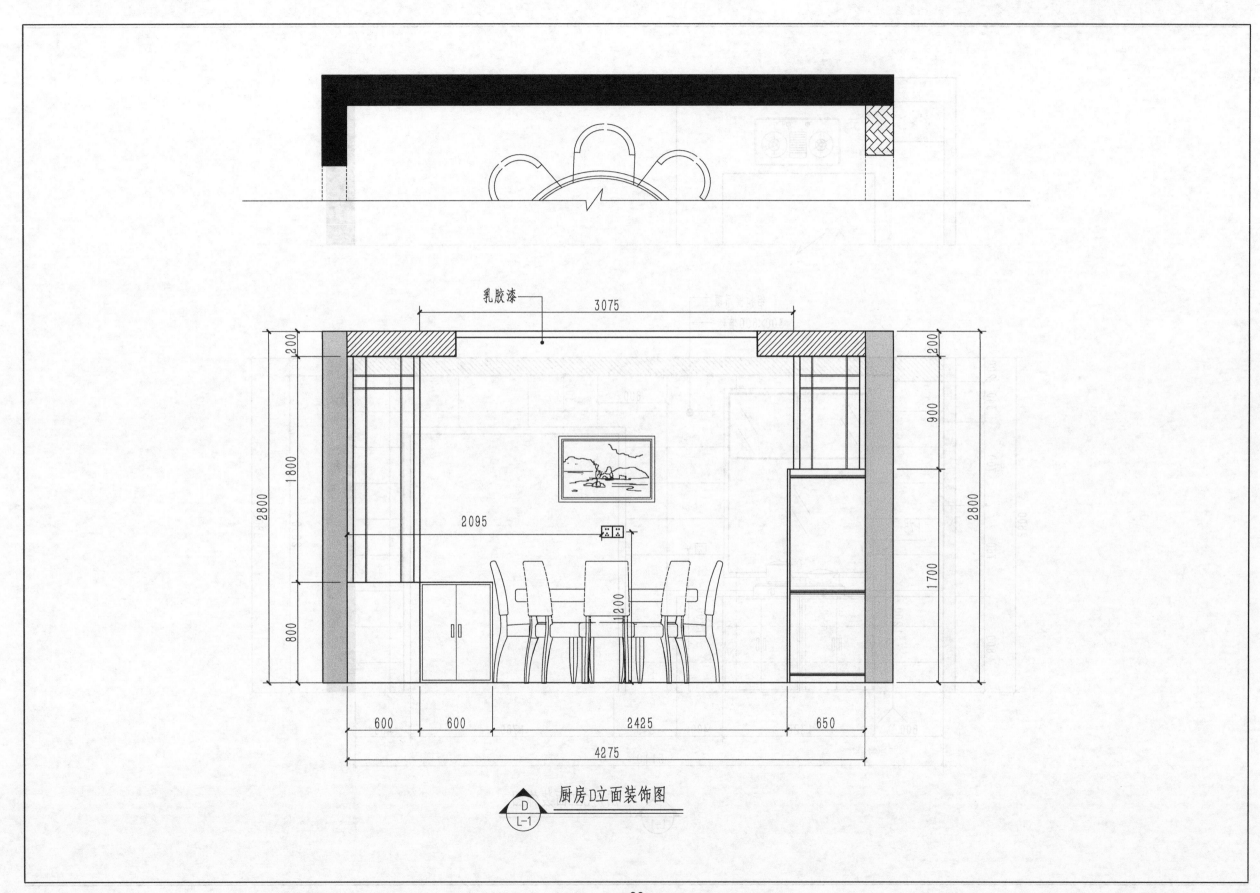

乳胶漆

3075

200

2800

1800

2095

800

200

900

2800

1700

1200

600 600 2425 650

4275

厨房D立面装饰图

D
L-1

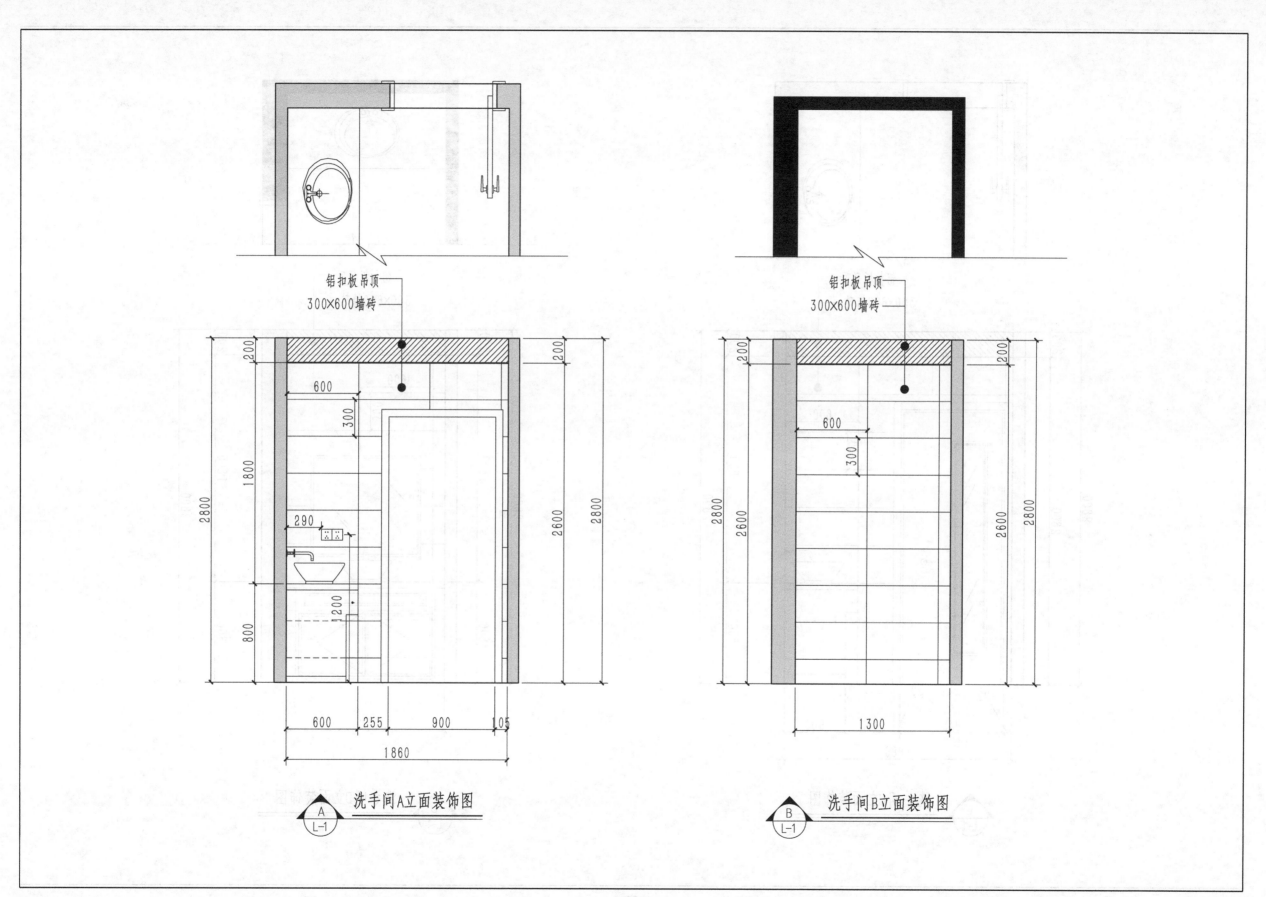

铝扣板吊顶
300×600墙砖

铝扣板吊顶
300×600墙砖

洗手间A立面装饰图

洗手间B立面装饰图

A
L-1

B
L-1

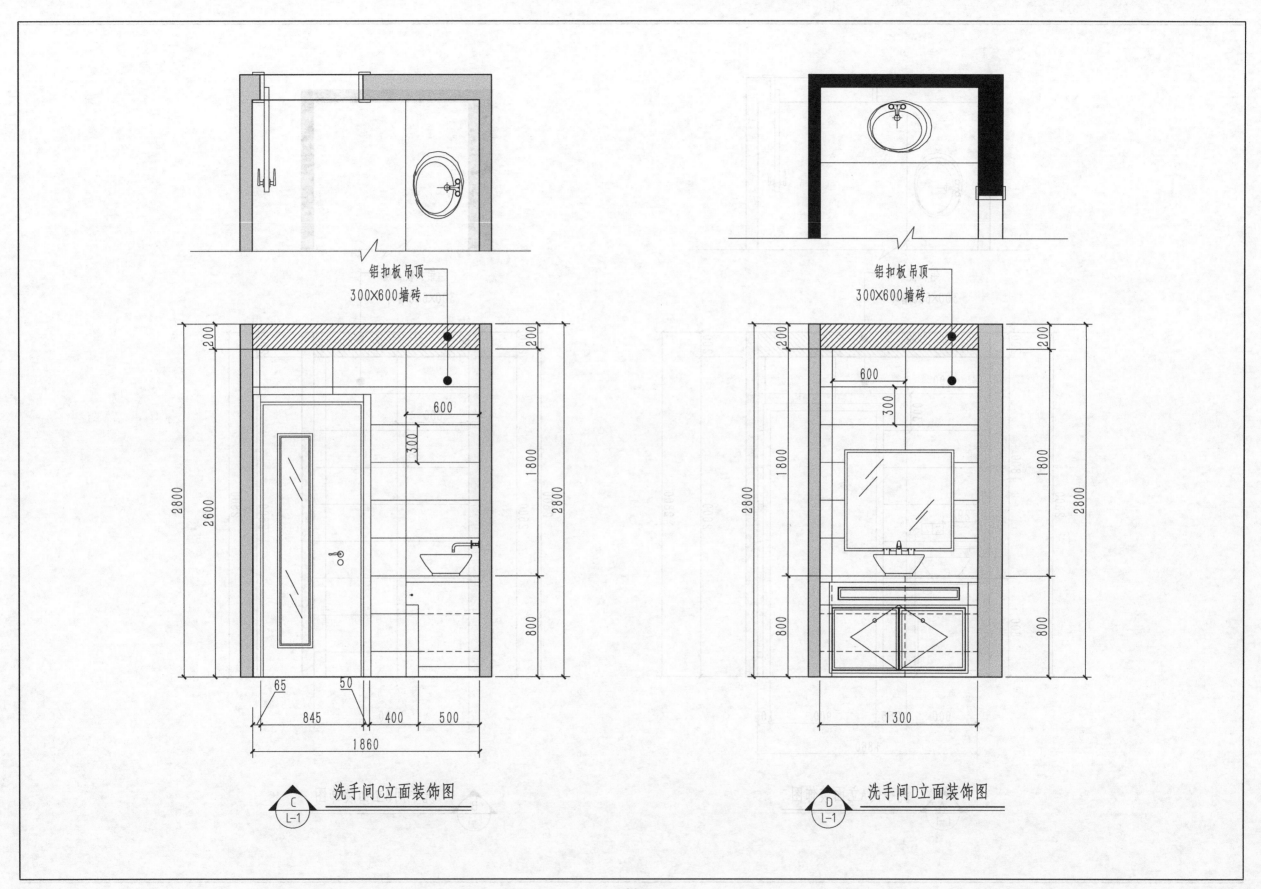

铝扣板吊顶
300X600墙砖

铝扣板吊顶
300X600墙砖

洗手间C立面装饰图
C
L-1

洗手间D立面装饰图
D
L-1

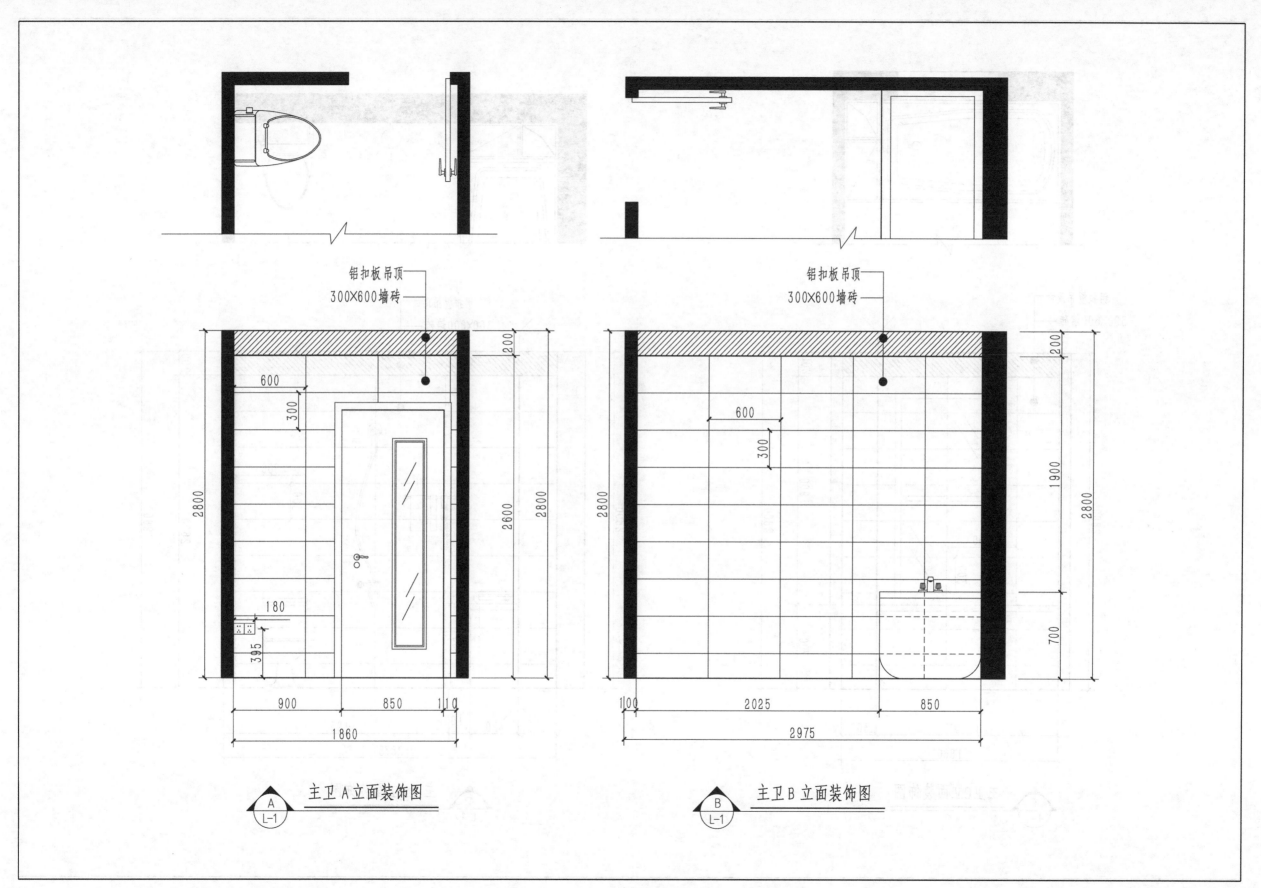

铝扣板吊顶
300×600墙砖

铝扣板吊顶
300×600墙砖

600
300
200
2800
2600
2800
900
850
110
1860
180
395

600
300
200
2800
1900
2800
700
1100
2025
850
2975

A
L—1
主卫A立面装饰图

B
L—1
主卫B立面装饰图

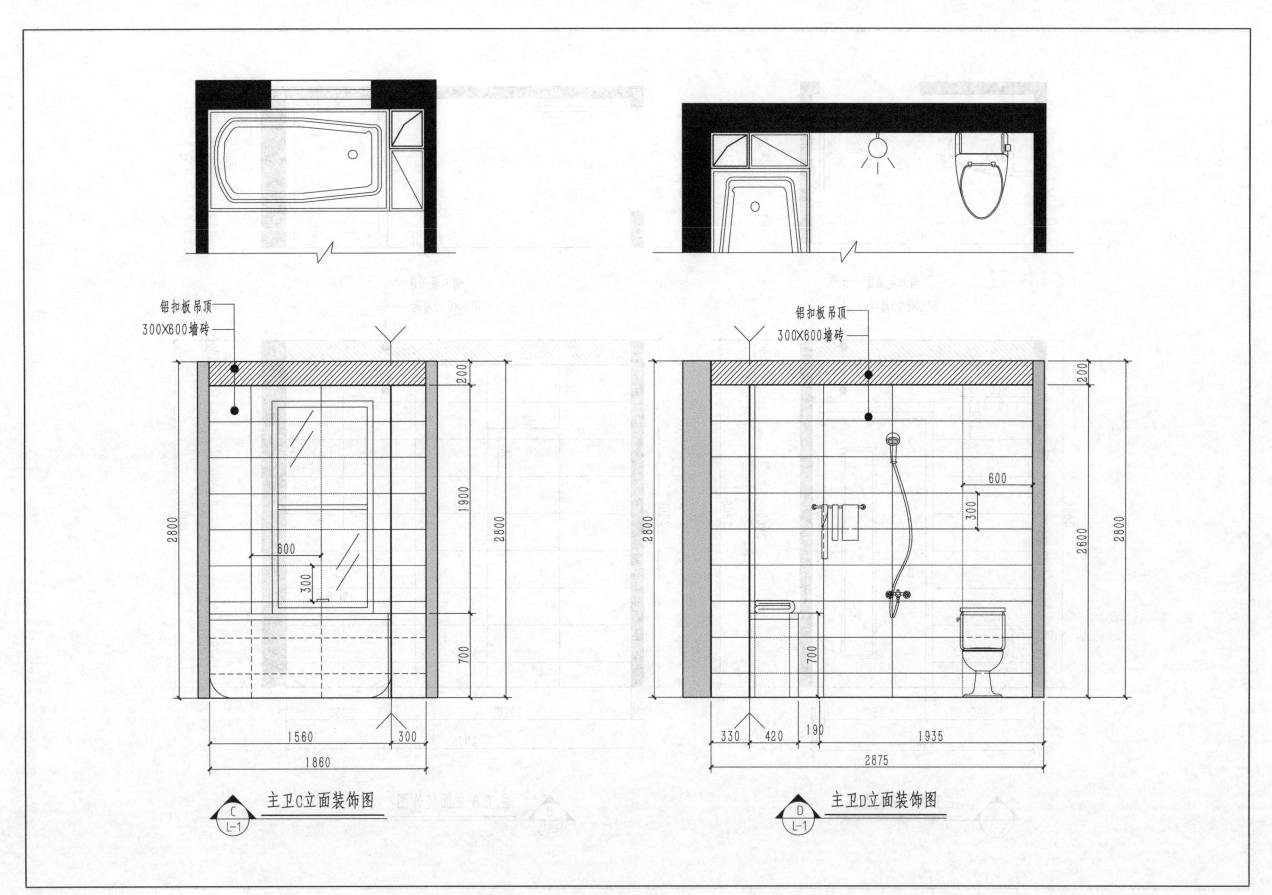

铝扣板吊顶
300X600墙砖

2800
200
1900
2800
600
300
700

1560　　300
1860

主卫C立面装饰图
C
L-1

铝扣板吊顶
300X600墙砖

2800
200
600
300
2600
2800
700

330　420　190　　1935
2875

主卫D立面装饰图
D
L-1

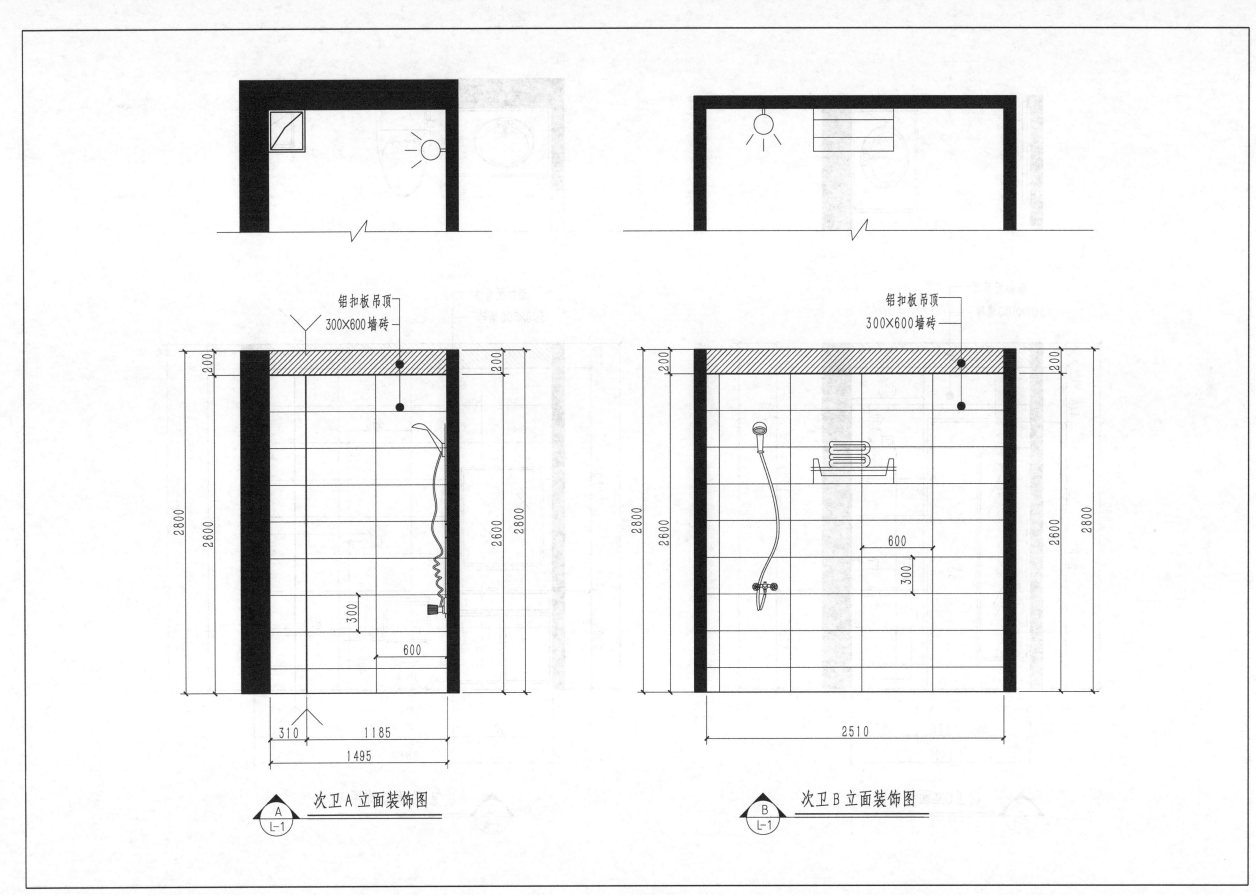

铝扣板吊顶
300×600墙砖

铝扣板吊顶
300×600墙砖

200

2800
2600

300

600

310   1185

1495

2800
2600

200

200

2800
2600

600

300

2510

2800
2600

200

次卫A立面装饰图
A
L-1

次卫B立面装饰图
B
L-1

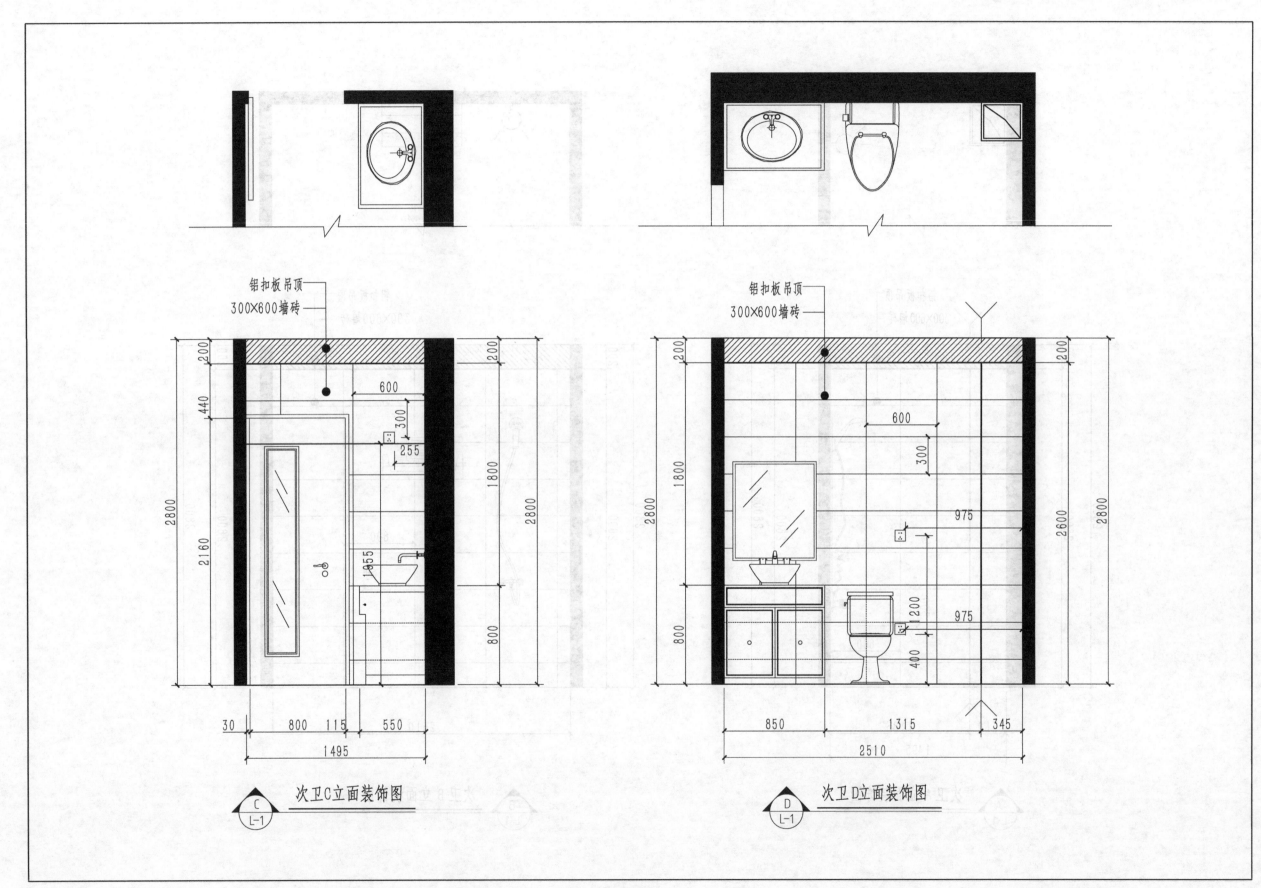

铝扣板吊顶
300×600墙砖

铝扣板吊顶
300×600墙砖

次卫C立面装饰图

次卫D立面装饰图

C
L-1

D
L-1

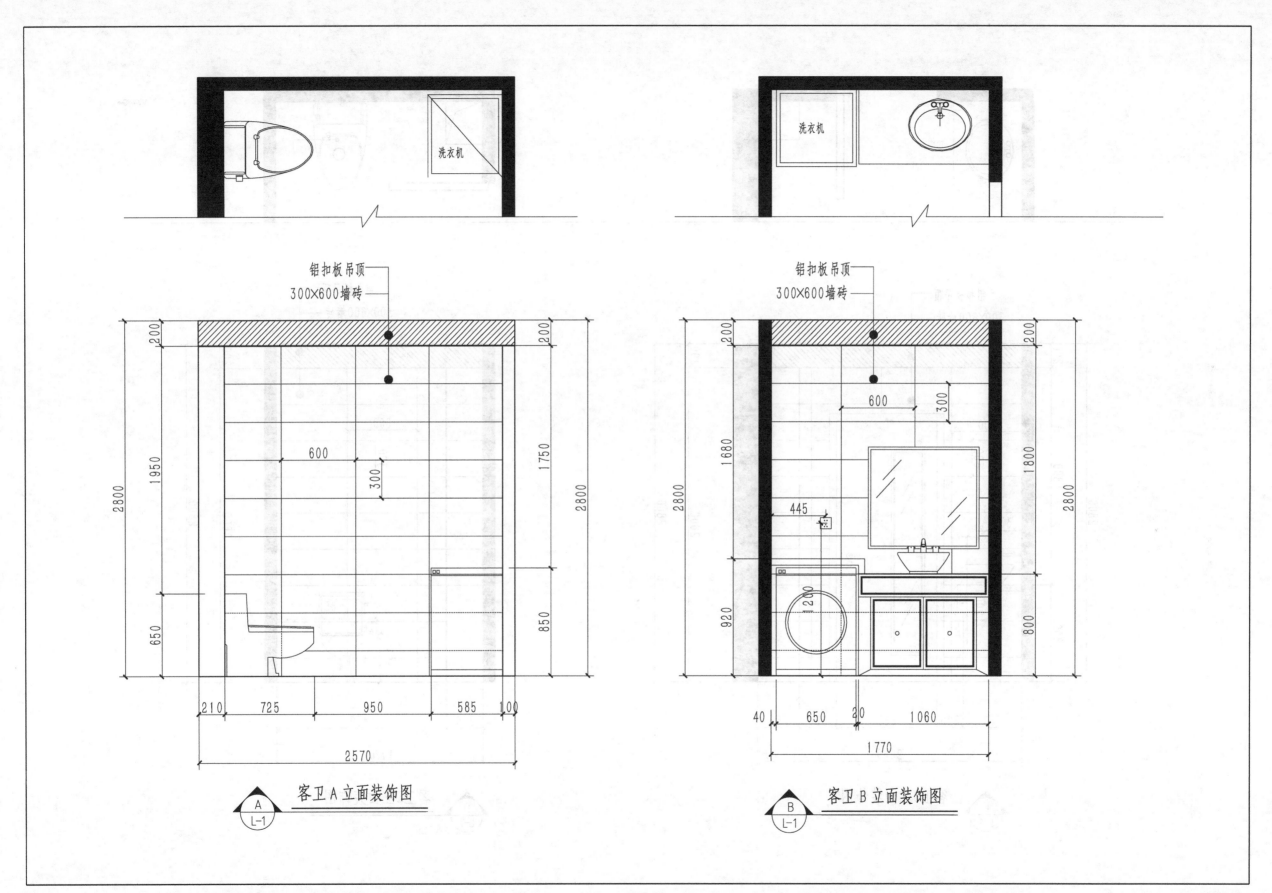

铝扣板吊顶

300X600墙砖

铝扣板吊顶

300X600墙砖

洗衣机

洗衣机

客卫 A 立面装饰图

A
L-1

客卫 B 立面装饰图

B
L-1

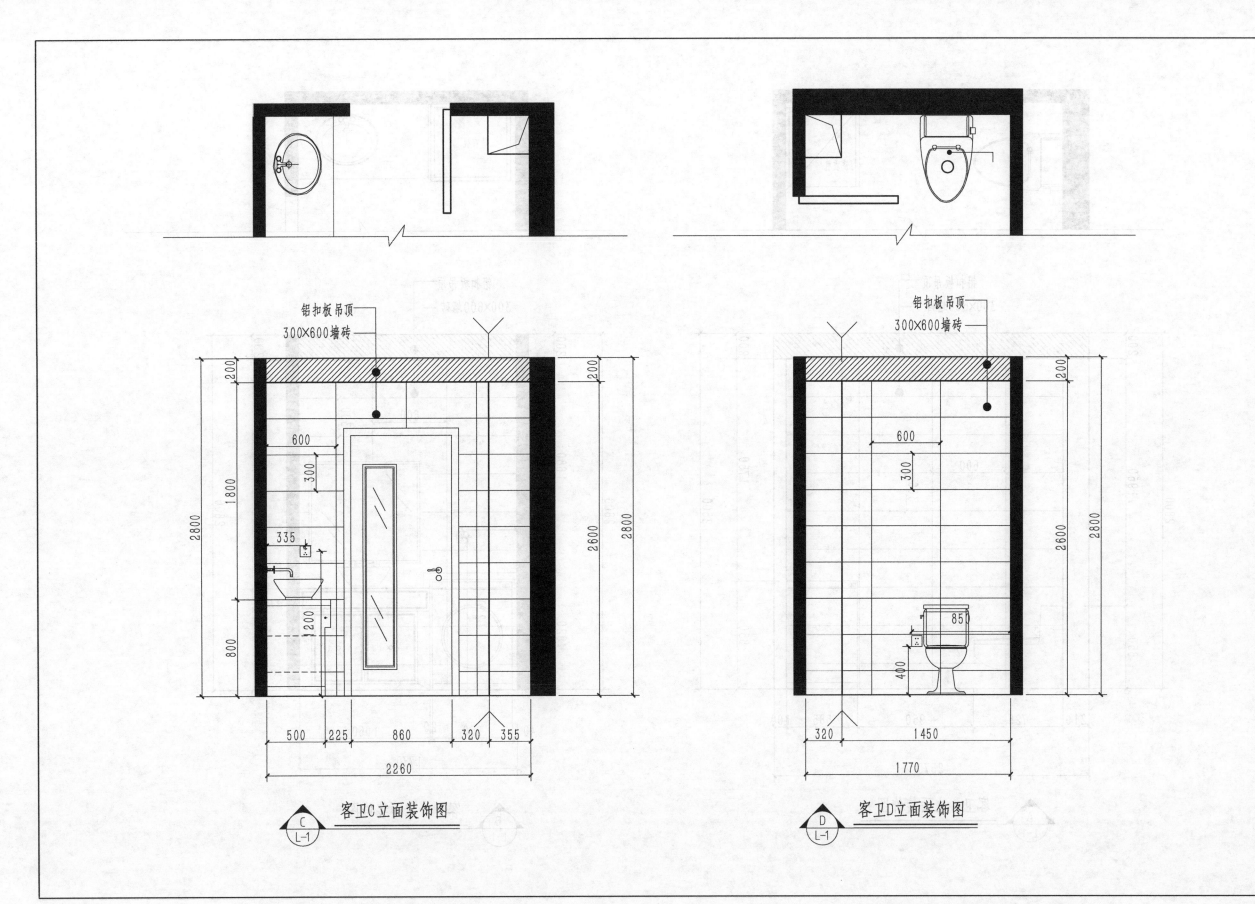

铝扣板吊顶
300×600墙砖

铝扣板吊顶
300×600墙砖

客卫C立面装饰图
C
L-1

客卫D立面装饰图
D
L-1

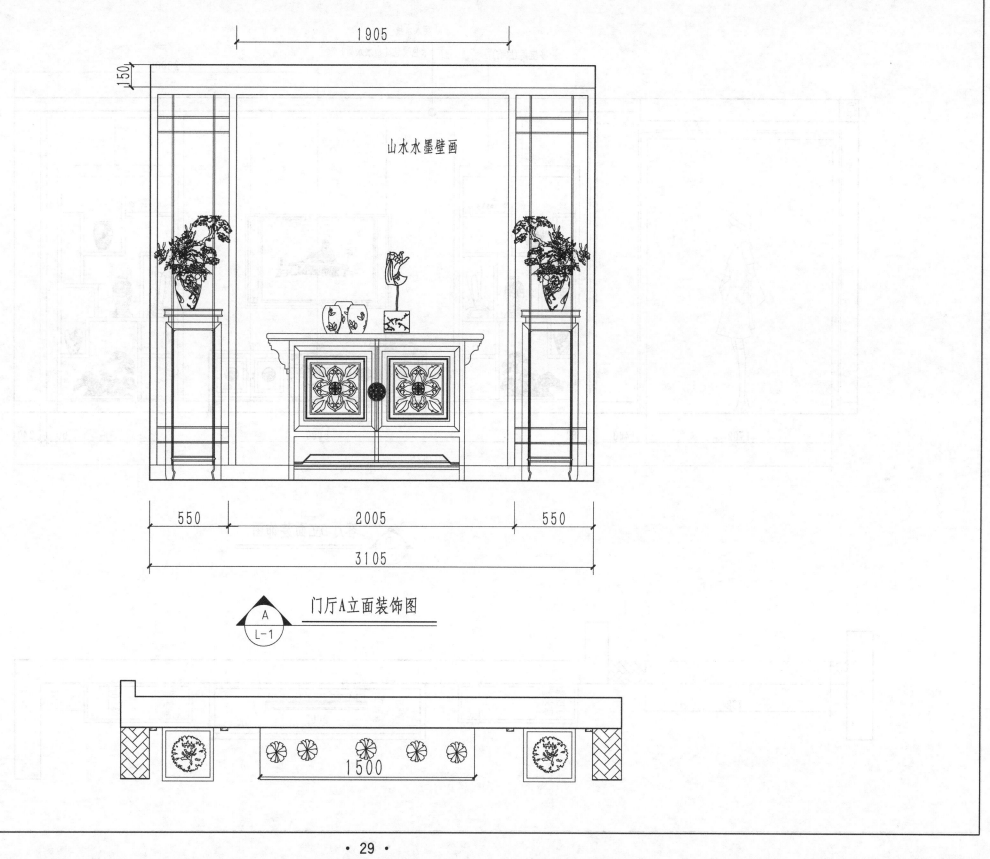

山水水墨壁画

1905

150

550　　　2005　　　550

3105

门厅A立面装饰图

A
L-1

1500

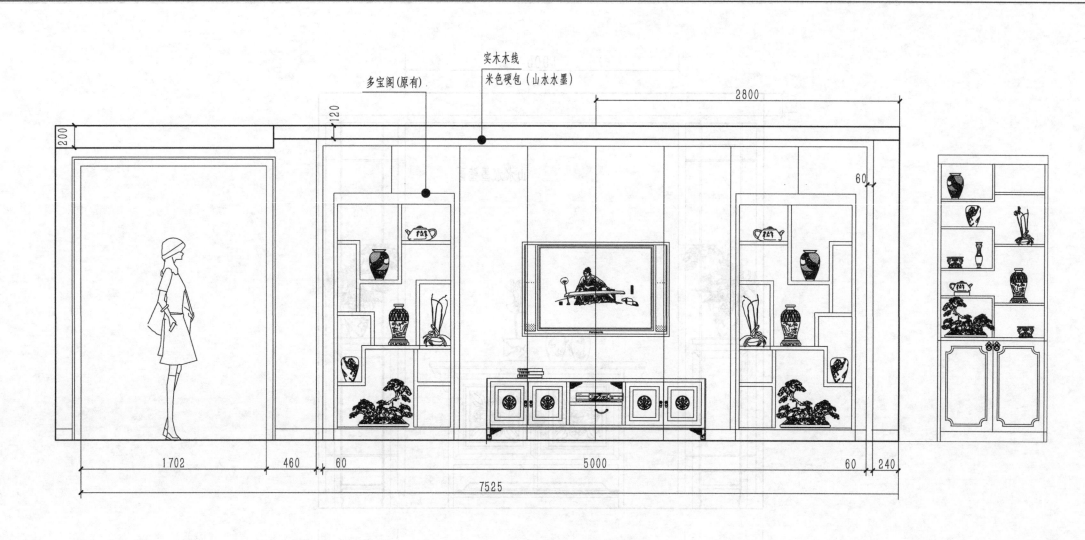

实木木线
米色硬包（山水水墨）

多宝阁(原有)

120

200

2800

60

1702 · 460 · 60

5000

60 · 240

7525

客厅D立面装饰图

D
L-1

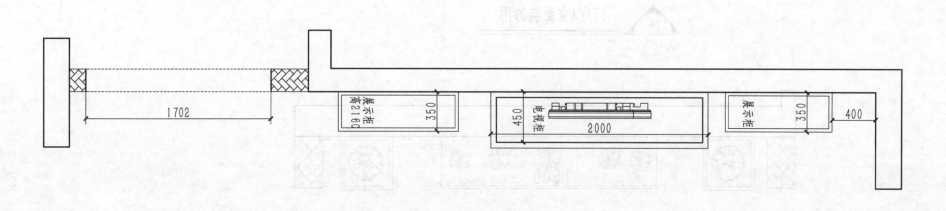

1702

展示柜
高2160 · 350

电视柜 · 450

2000

展示柜 · 350

400

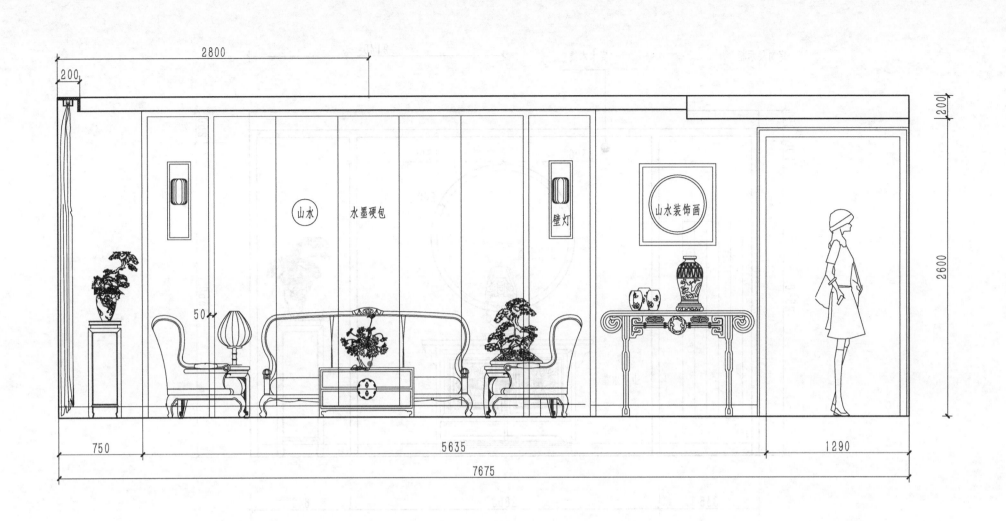

2800

200

200

2600

山水　水墨硬包

壁灯

山水装饰画

50

750　　5635　　1290

7675

客厅B立面装饰图

B
L-1

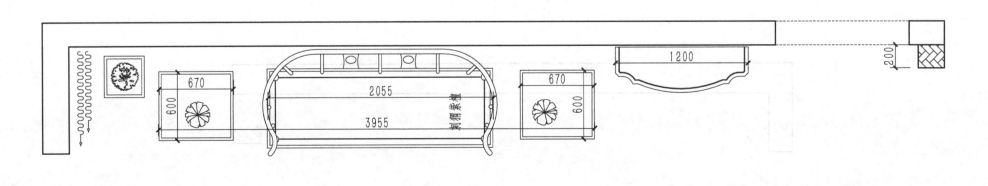

670

600

2055

3955

新疆装饰

670

600

1200

200

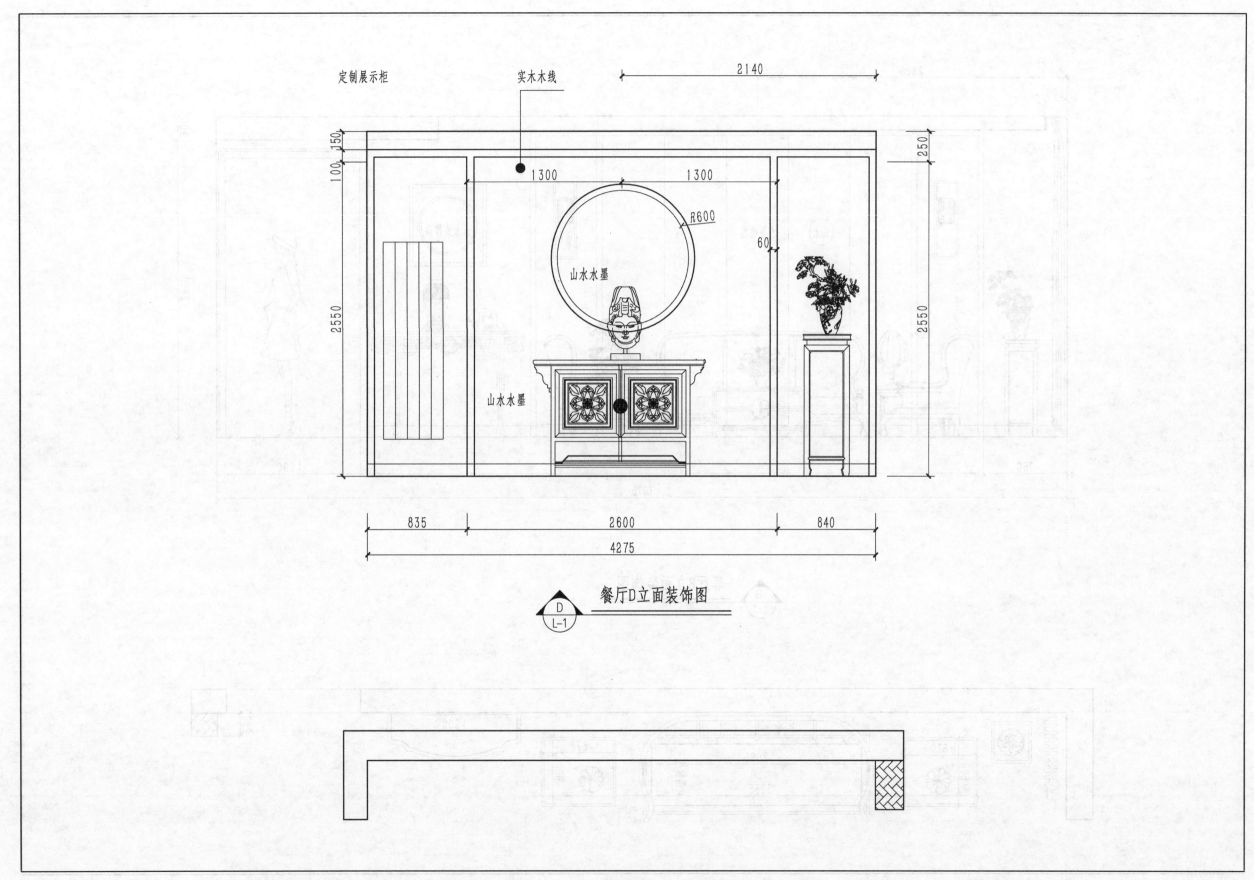

定制展示柜　　　　实木木线

2140

2300

150
100

1300　　　　1300

R600

60

250

山水水墨

2550

2550

山水水墨

835　　　　　　2600　　　　　　840

4275

餐厅D立面装饰图

D
L-1

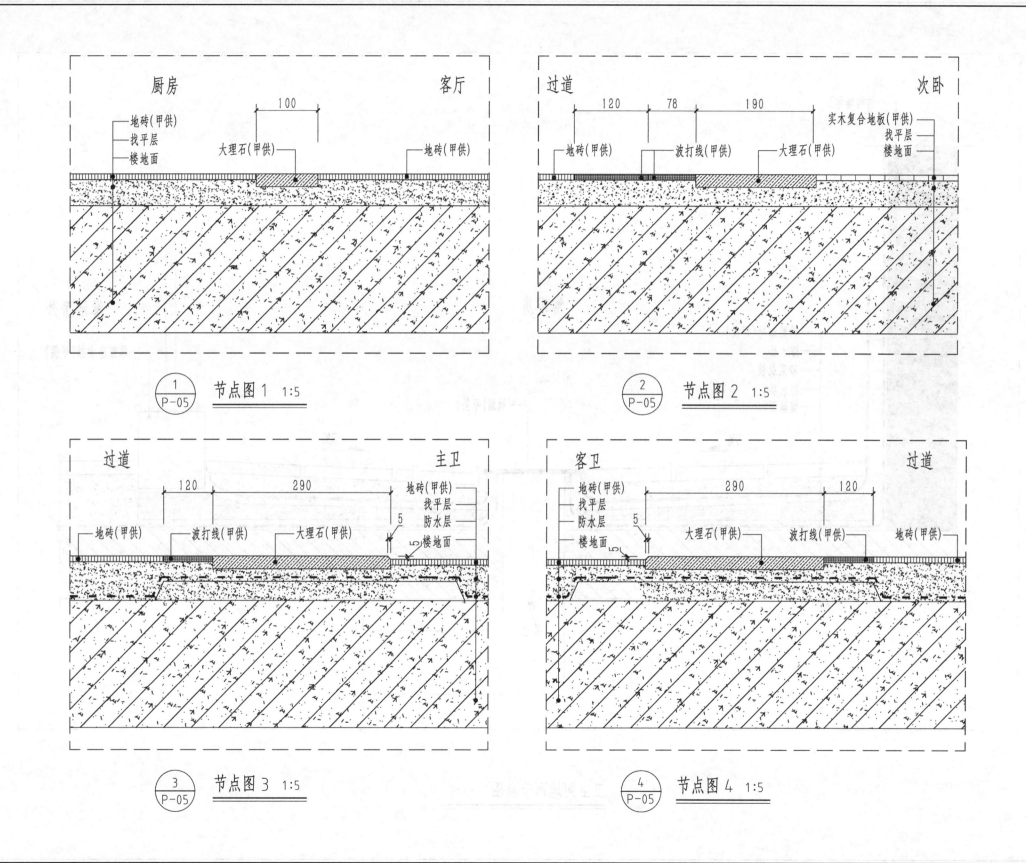

厨房　　　　　　　　　　　　　　　客厅

100

地砖(甲供)
找平层
楼地面
大理石(甲供)
地砖(甲供)

过道　　　　　　　　　　　　　　　次卧

120　78　190

实木复合地板(甲供)
找平层
楼地面
地砖(甲供)
波打线(甲供)
大理石(甲供)

①/P-05　节点图1　1:5

②/P-05　节点图2　1:5

过道　　　　　　　　　　　　　　　主卫

120　290

地砖(甲供)
找平层
防水层
楼地面
地砖(甲供)
波打线(甲供)
大理石(甲供)
5
5

客卫　　　　　　　　　　　　　　　过道

290　120

地砖(甲供)
找平层
防水层
楼地面
5
5
大理石(甲供)
波打线(甲供)
地砖(甲供)

③/P-05　节点图3　1:5

④/P-05　节点图4　1:5

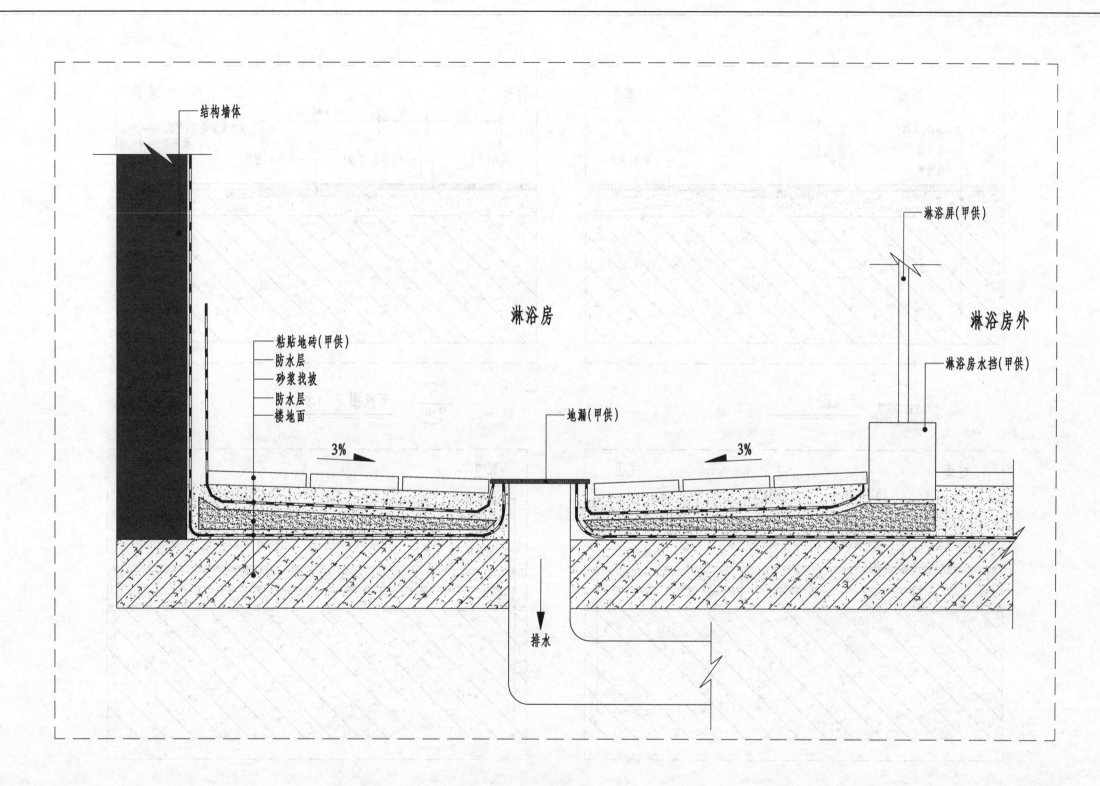

结构墙体

淋浴房

淋浴屏(甲供)

淋浴房外

粘贴地砖(甲供)
防水层
砂浆找坡
防水层
楼地面

地漏(甲供)

淋浴房水挡(甲供)

3%

3%

排水

卫生间地面节点图   1:5

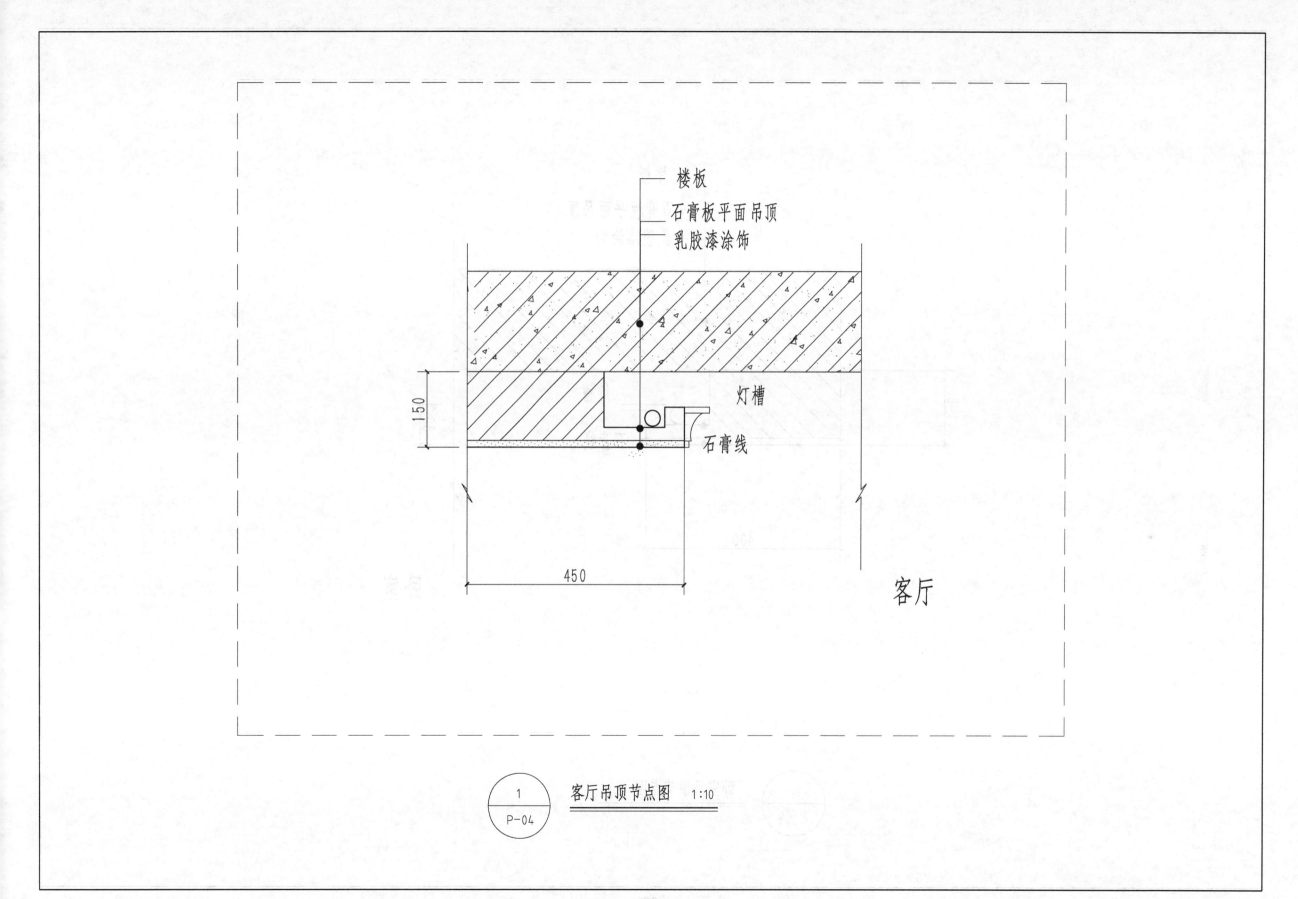

楼板

石膏板平面吊顶

乳胶漆涂饰

150

灯槽

石膏线

450

客厅

① / P-04   客厅吊顶节点图   1:10

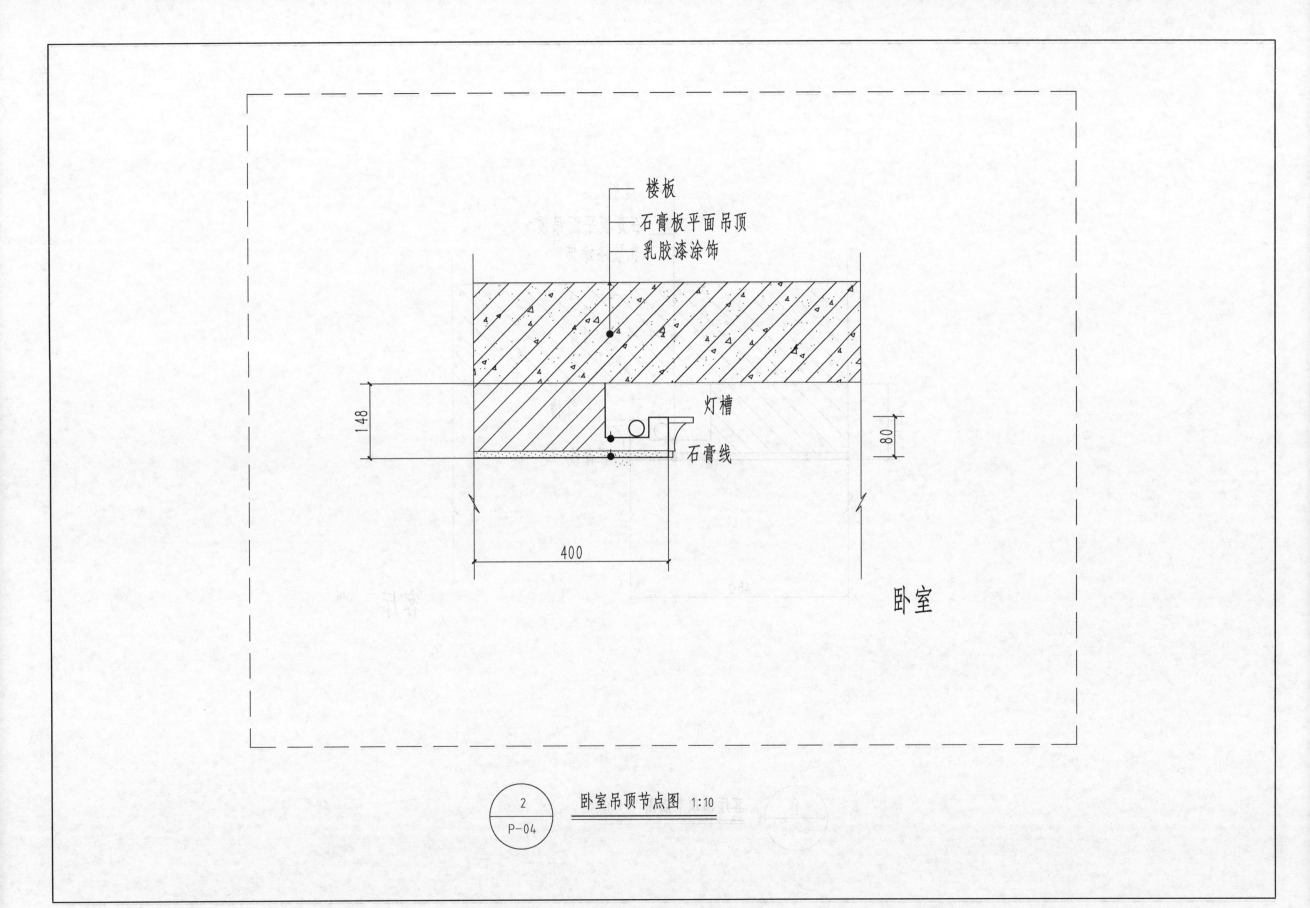

楼板
石膏板平面吊顶
乳胶漆涂饰

灯槽

石膏线

148

80

400

卧室

② P-04　卧室吊顶节点图　1:10

实训案例1　两居室

设计图纸目录

序号	图号	图名	备注	序号	图号	图名	备注
01	S-00	图纸封面		39			
02	S-01	设计图纸目录		40			
03	S-02	工程概况及设计说明		41			
04	S-03	设计图纸图例		42			
05	YP-01	原始量房尺寸图		43			
	P-01	拆除墙体位置图		44			
				45			
06	P-02	新建墙体位置图		46			
07	P-03	平面家具布置图		47			
08	P-04	顶面(天花)布置图		48			
09	P-05	地面装饰布置图		49			
10	P-06	墙面(身)装饰布置图		50			
11	P-07	照明线路及开关控制布置图		51			
12	P-08	强弱电插座布置及开关位置图		52			
13	P-09	给排水(位置)布置图		53			
14	P-10	立面索引图		54			
15	L-01	卫生间 A、B 立面		55			
16	L-02	卫生间 C、D 立面		56			
17	L-03	厨房 A、B 立面		57			
18	L-04	厨房 C、D 立面		58			
19	G-01	卫生间地面节点图		59			
20	G-02	地面过门石节点图		60			
21				61			
22				62			
23				63			
24				64			
25				65			
26				66			
27				67			
28				68			
29				69			
30				70			
31				71			
32				72			
33				73			
34				74			
35				75			
36				76			
37							
38							

工程概况及设计说明

1 工程概况

1.1 工程地址：北京市丰台区×号楼×单元×××

1.2 客户姓名：王先生，户型：两室 一厅 一厨 一卫

1.3 建筑面积：70.21m²，套内面积：56.21m²，装饰面积：52.21m²

1.4 建筑层数：6层

1.5 设计师姓名：欧彩霞，级别：普通，部门：三中心

1.6 客户需求：客户喜欢简约风格的装饰，要求以浅色为主色调。

1.7 设计风格：简约风格就是现代派的极简主义，也是目前住宅装修最流行的风格。简约风格更多地表现为实用性和多元化。

1.8 设计范围：本案设计内容为全案设计，包括结构设计、天花、地面、平面、水电路、立面索引、节点大样及主材的选择搭配，后期施工的节点交底，工地跟进，工地问题的协调沟通。

1.9 功能说明：本案的设计内容为全案设计，包括整体结构空间的合理化调整，及每个空间的具体功能分析，整套图纸内容包括测量图、结构设计、天花、灯位插座、地面、平面、水电路、立面、节点大样。

2 设计依据

2.1 室内设计方案

甲方提供的装修意见文件和设计任务书

2.2 参照标准

2.2.1 GB 50096—2011《住宅设计规范》

2.2.2 GB 50034—2013《建筑照明设计标准》

2.2.3 GB 50003—2011《砌体结构设计规范》

2.2.4 JGJ 242—2011《住宅建筑电气设计规范》

2.2.5 2012年《东易日盛图纸设计标准》

3 绘图依据

3.1 GB/T 50001—2017《房屋建筑制图统一标准》

3.2 JGJ/T 244—2011《房屋建筑室内装饰装修制图标准》

3.3 DBJ 01-613—2002《北京市建筑装饰装修工程设计制图标准》

3.4 2012年《东易日盛图纸设计标准》

4 图纸说明

4.1 本图纸标高为设计标高，应以实际现场放线标高为准，如放线后存在与图纸不符问题，应及时与设计师沟通确认。

4.2 图纸标注尺寸如与现场放线存在差异，应与设计师确认后施工。

4.3 如现场出现变更、洽商，必须通知设计出具相应图纸，签字确认后方可实施。

4.4 设计图纸中排砖效果及尺寸为参考尺寸，应以现场实际排砖尺寸为准。

4.5 所有非现场制作木作项目，如门、窗套、橱柜、壁柜、浴室柜等应以分项设计方案及深化设计图纸、现场实际测量尺寸为准。

5 分项验收及材料环保要求

5.1 GB 50210—2018《建筑装饰装修工程质量验收规范》

5.2 GB 50203—2011《砌筑结构工程施工质量验收规范》

5.3 GB 50209—2010《建筑地面工程施工质量验收规范》

5.4 GB 50303—2015《建筑电气工程施工质量验收规范》

5.5 GB 50242—2002《建筑给水排水及采暖工程施工质量验收规范》

5.6 GB 50325—2010《民用建筑工程室内环境污染控制规范》

6 特别说明

6.1 本图纸所标所有空调、烟感、喷淋、温控、检修口、消防栓、火警报警器、机电及消防位置只做示意。

6.2 因图纸尺寸为现场测量尺寸，图纸绘制尺寸会与现场存在偏差，应以实际现场放线尺寸为准。

设计图纸图例

图例	说明	图例	说明	图例	说明	图例	说明
	暗装10A五孔插座		单控单联翘板开关		结构墙体		单层窗
	地面五孔插座		单控双联翘板开关		隔断		立转窗
	暗装10A五孔防水插座		单控三联翘板开关		栏杆		单层外开平开窗
	冰箱16A三孔插座		浴霸翘板开关		预制水泥空心板墙拆除		
	空调16A三孔插座		双控单联翘板开关		水泥压力板墙拆除		单层内开平开窗
	电视插座		双控双联翘板开关		轻钢龙骨墙体拆除		
	电话插座		格栅日光灯		砌块墙体拆除		单扇门
	宽带网插座		射灯		新建轻钢龙骨石膏板墙体		
	弱电箱		可调角度射灯		新建砌块墙体		双扇门
	配电箱		装饰花灯		新建砖砌墙体		
	对讲主机		吸顶灯		玻璃墙体		推拉门
	紧急按钮		暗装筒灯		木制墙体		墙外单扇推拉门
	风机盘管		暗装防水防雾筒灯		旋转门		墙外双扇推拉门
	空调出风口		壁灯		竖向卷帘门		墙中单扇推拉门
	空调回风口		地灯		横向卷帘门		墙中双扇推拉门
	空调新风口		暗装管灯				
	排风扇		烟道				
	暗装带排风浴霸		通风道				
	分水器						
	暖气		坡道				
	燃气表						
	空调温控开关						
	下水竖向主管道(不同规格)				底层楼梯		
	地面排水口						
	地漏				中间层楼梯		楼梯
	检查孔						
	截止阀		石膏阴角线		顶层楼梯		
±0.000	标高符号		过门石				
0.000	净高符号		波打线				

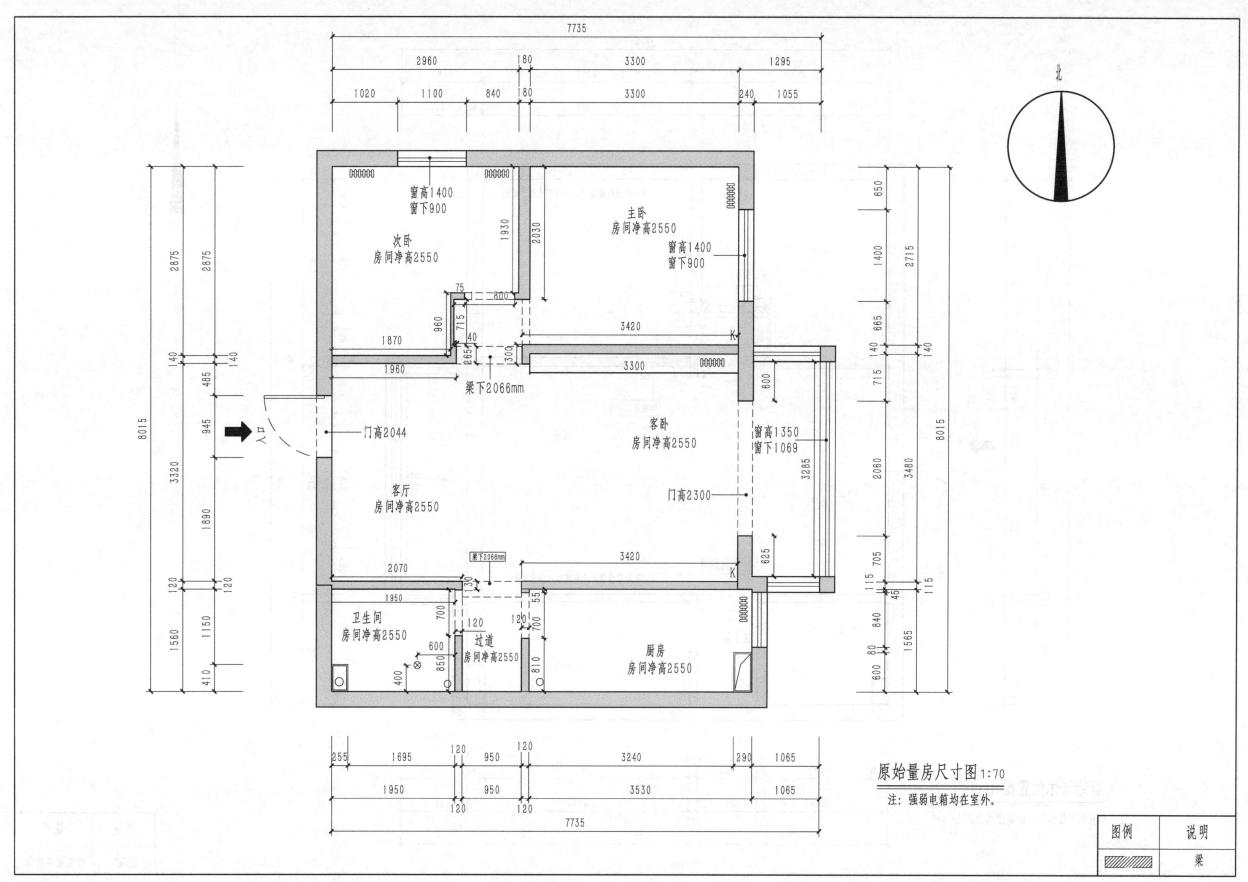

北

7735
2960　180　3300　1295
1020　1100　840　180　3300　240　1055

窗高1400
窗下900

主卧
房间净高2550

次卧
房间净高2550

窗高1400
窗下900

1930
2030
2875
2875

75
810
960
715
40
265
300

3420
K

1870
1960
梁下2066mm

入口

门高2044

客卧
房间净高2550

3300

窗高1350
窗下1069

140
485
945
3320
1890
120

140
485
945
3320
1890
120

8015

8015

2715
650
1400
665
715
600
625
3285
3480
2060
115
45
115
115
705

客厅
房间净高2550

门高2300

2070
梁下2066mm
3420
K

1950
130

卫生间
房间净高2550

700
600
400
850

120
过道
房间净高2550

120
55
700
810

厨房
房间净高2550

1560
1150
410

600
840
1565
600
80

255　1695　120　950　120　3240　290　1065
1950　950　3530　1065
120　120

7735

原始量房尺寸图1:70

注：强弱电箱均在室外。

图例	说明
▨	梁

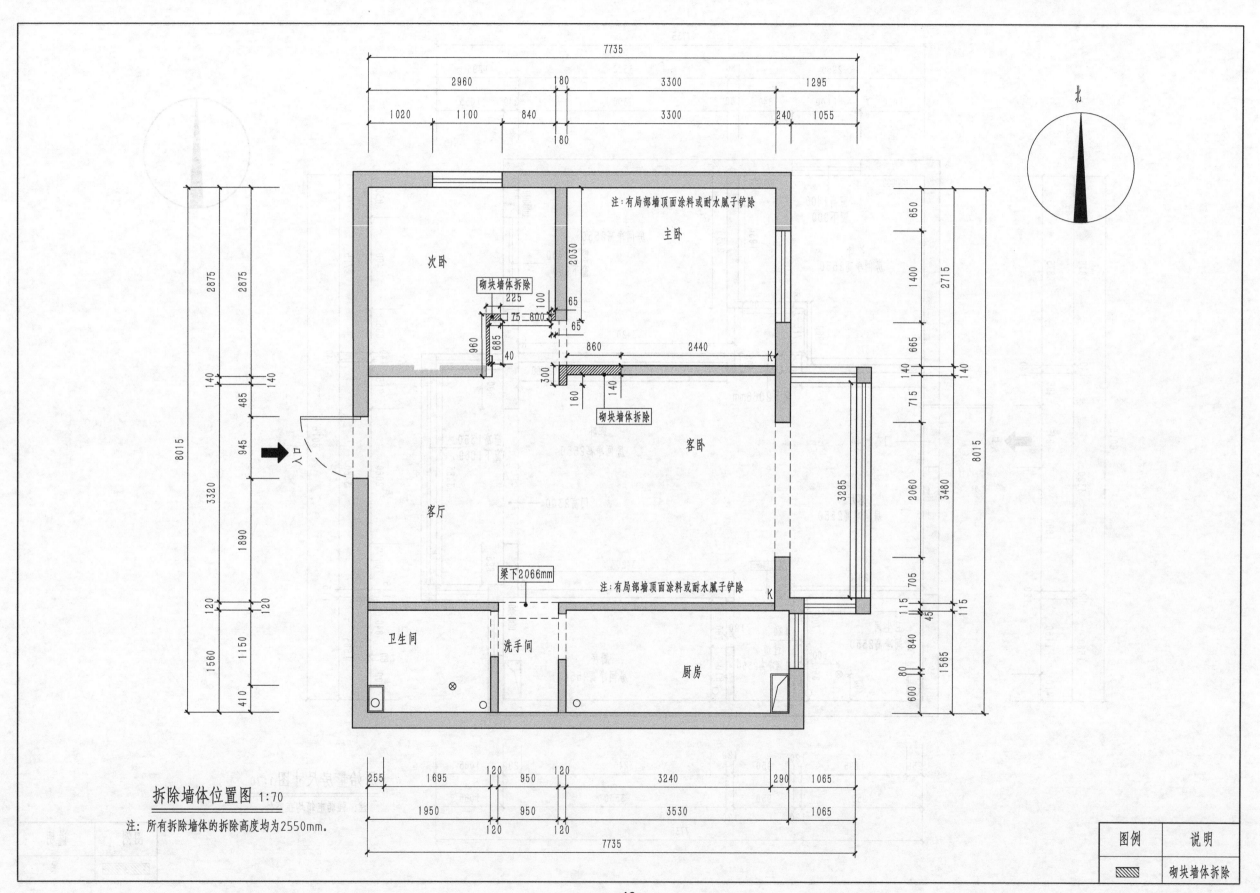

7735

2960 · 180 · 3300 · 1295
1020 · 1100 · 840 · 3300 · 240 · 1055
180

北

650

注:有局部墙顶面涂料或耐水腻子铲除

主卧

次卧

2030

1400 · 2715

砌块墙体拆除
225 · 100
65
175 810
65
960 · 685 · 40
860 · 2440 · K
300
140 · 665 · 140
160 · 140
砌块墙体拆除

客卧

2875 · 2875

140 · 140
485
945 · 入口

3320 · 1890

客厅

3285 · 2060 · 3480

梁下2066mm

注:有局部墙顶面涂料或耐水腻子铲除

K

715

140 · 140

8015

8015

120 · 120

1560 · 1150

卫生间 · 洗手间

115 · 115
45
705
840

厨房

80
1565
600

410

拆除墙体位置图 1:70

注:所有拆除墙体的拆除高度均为2550mm。

255 · 1695 · 120 · 950 · 120 · 3240 · 290 · 1065
1950 · 950 · 3530 · 1065
120 · 120

7735

图例	说明
▨	砌块墙体拆除

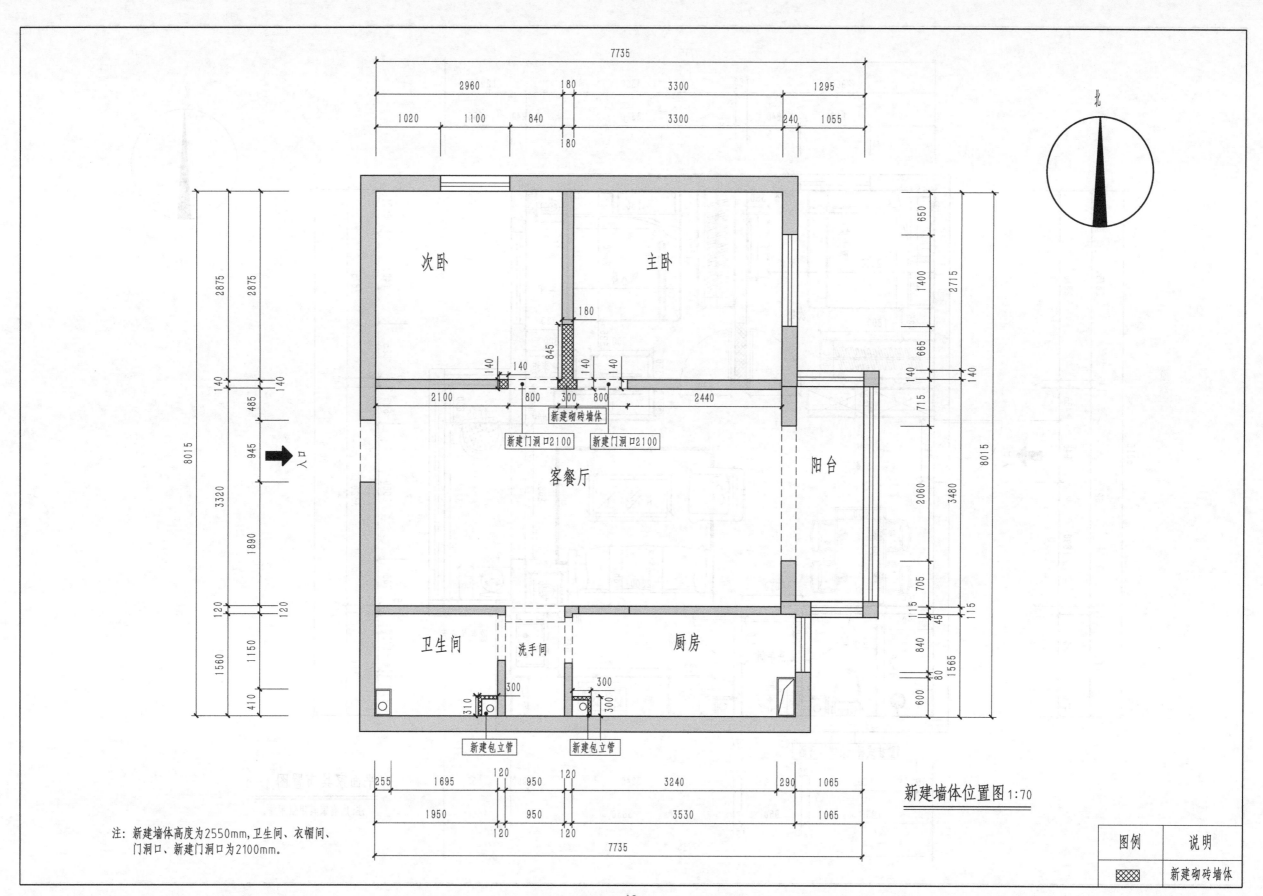

新建墙体位置图1:70

次卧

主卧

客餐厅

阳台

入口

卫生间

洗手间

厨房

新建砌砖墙体

新建门洞口2100   新建门洞口2100

新建包立管   新建包立管

北

注：新建墙体高度为2550mm,卫生间、衣帽间、
门洞口、新建门洞口为2100mm。

图例	说明
新建砌砖墙体

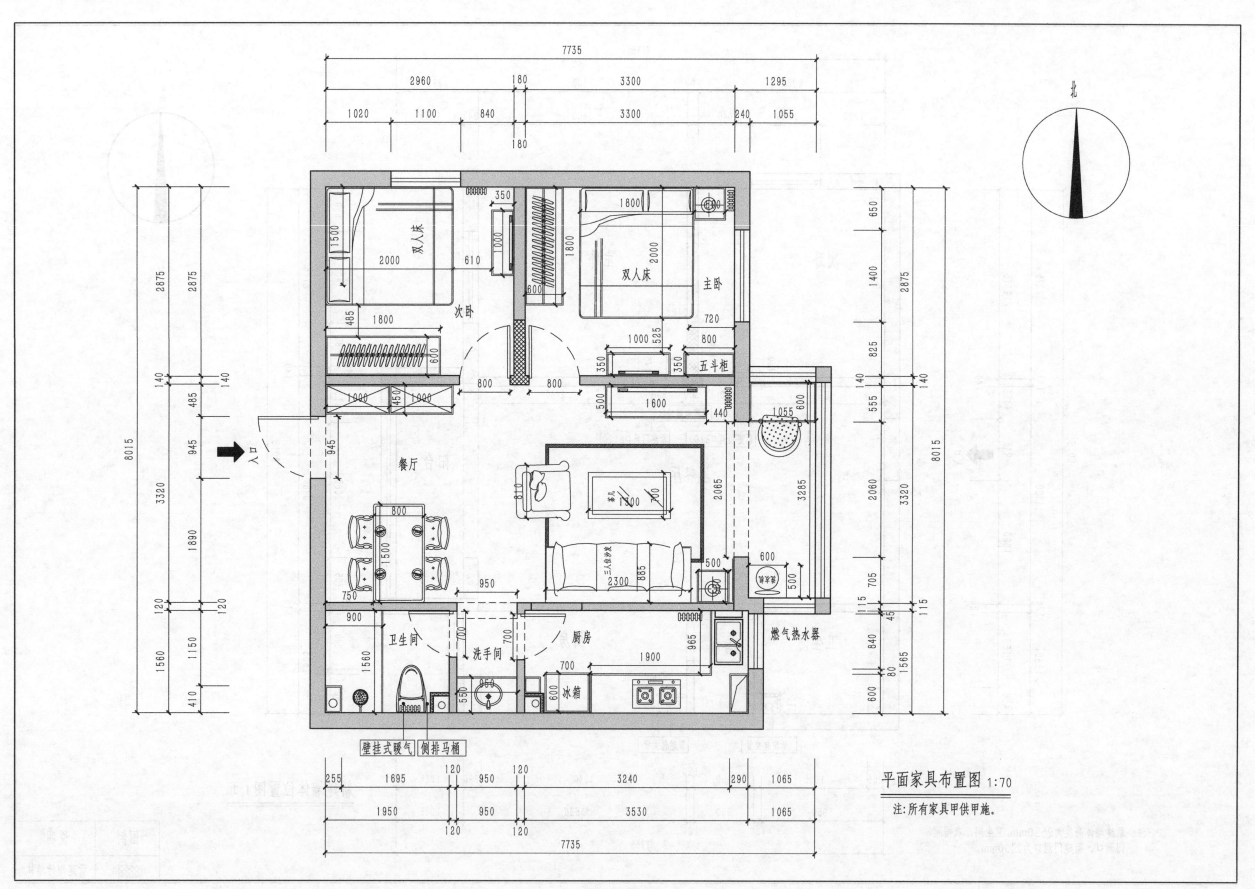

平面家具布置图 1:70

注:所有家具甲供甲施。

壁挂式暖气 侧排马桶

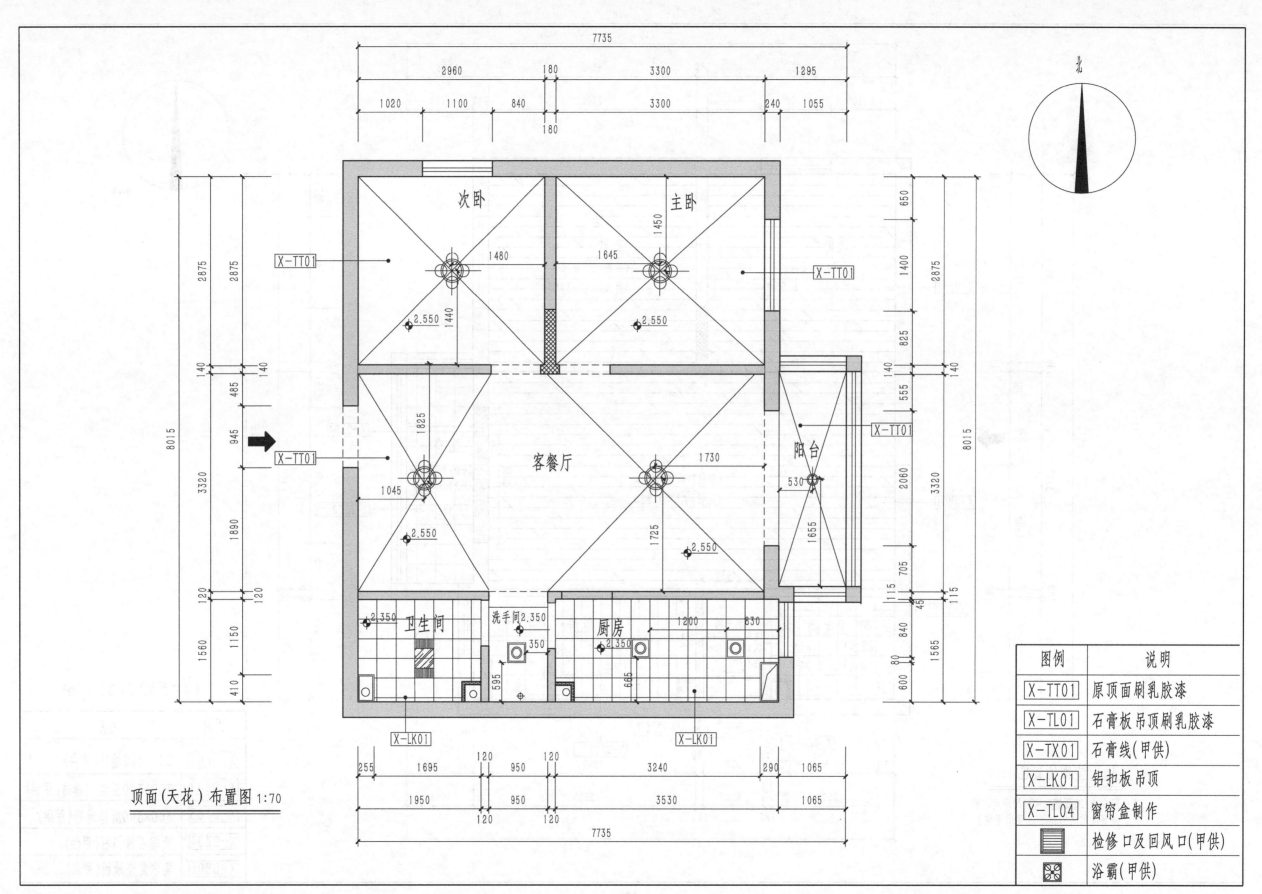

顶面(天花)布置图 1:70

次卧

主卧

客餐厅

阳台

卫生间

洗手间 2.350

厨房

X-TT01

X-TT01

X-TT01

X-TT01

X-LK01

X-LK01

北

图例	说明
X-TT01	原顶面刷乳胶漆
X-TL01	石膏板吊顶刷乳胶漆
X-TX01	石膏线(甲供)
X-LK01	铝扣板吊顶
X-TL04	窗帘盒制作
	检修口及回风口(甲供)
	浴霸(甲供)

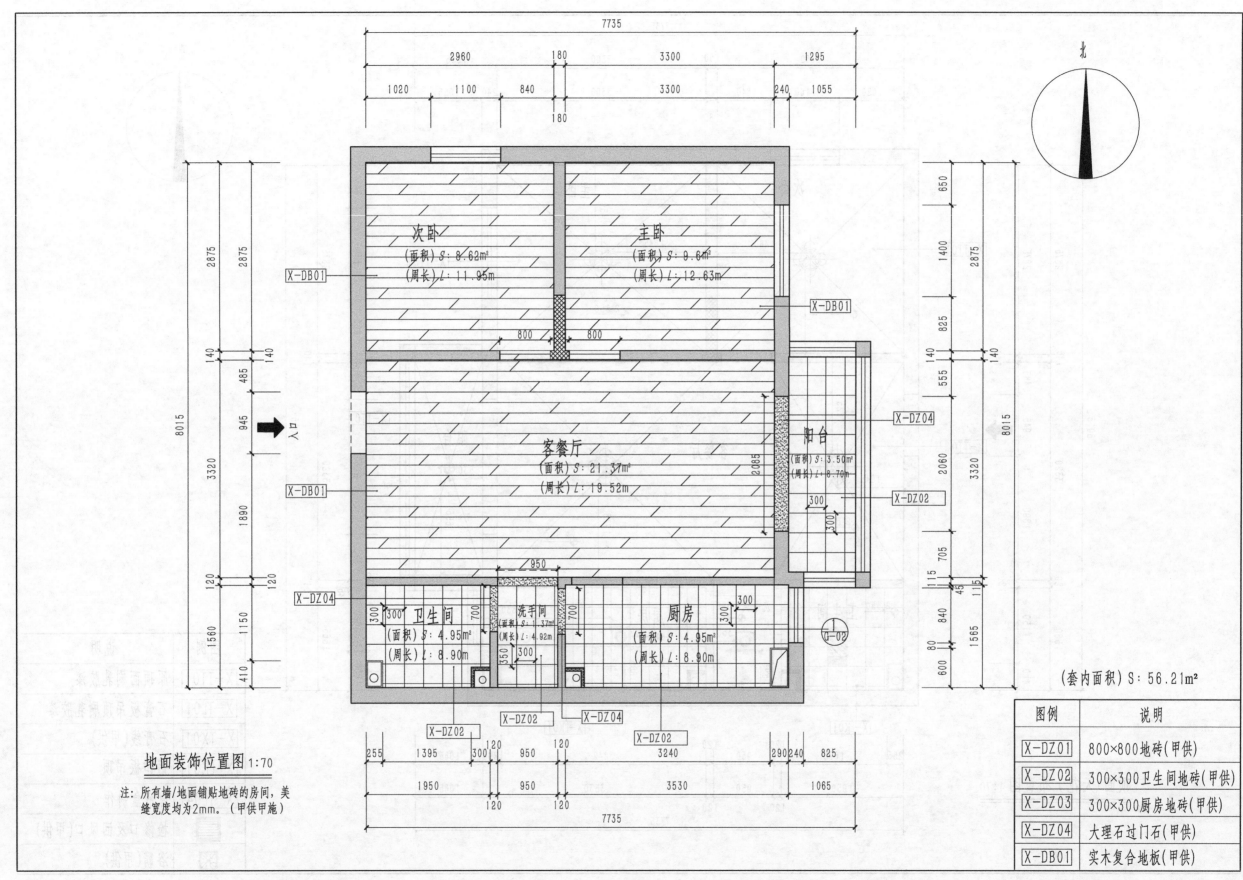

次卧
(面积) S: 8.62m²
(周长) L: 11.95m

主卧
(面积) S: 9.6m²
(周长) L: 12.63m

X-DB01

X-DB01

阳台
(面积) S: 3.50m²
(周长) L: 8.70m

X-DZ04

客餐厅
(面积) S: 21.37m²
(周长) L: 19.52m

X-DB01

X-DZ02

入口

X-DZ04

卫生间
(面积) S: 4.95m²
(周长) L: 8.90m

洗手间
(面积) S: 1.37m²
(周长) L: 4.92m

厨房
(面积) S: 4.95m²
(周长) L: 8.90m

X-DZ02

X-DZ02

X-DZ04

X-DZ02

(套内面积) S: 56.21m²

地面装饰位置图 1:70

注: 所有墙/地面铺贴地砖的房间, 美
缝宽度均为2mm。（甲供甲施）

图例	说明
X-DZ01	800×800地砖(甲供)
X-DZ02	300×300卫生间地砖(甲供)
X-DZ03	300×300厨房地砖(甲供)
X-DZ04	大理石过门石(甲供)
X-DB01	实木复合地板(甲供)

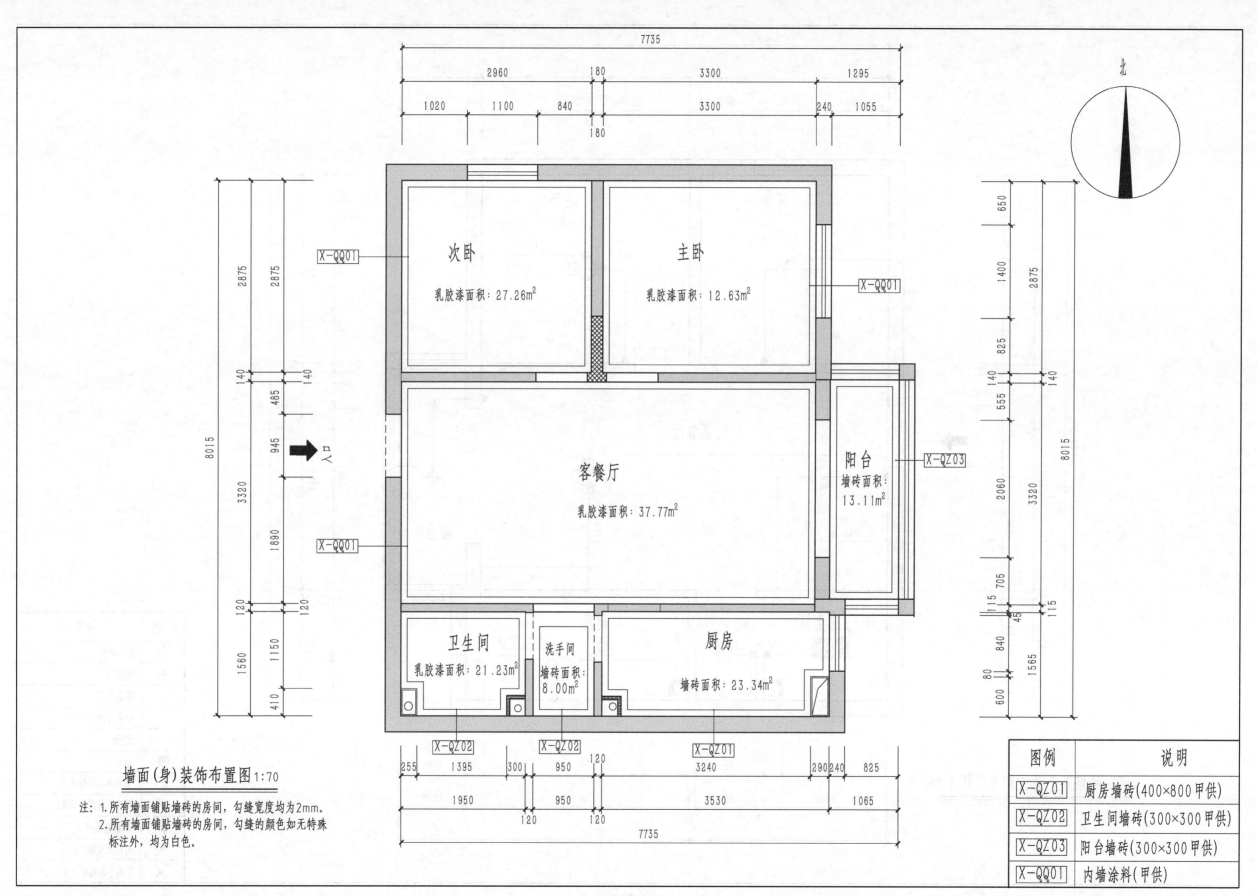

墙面(身)装饰布置图 1:70

注: 1.所有墙面铺贴墙砖的房间，勾缝宽度均为2mm。
2.所有墙面铺贴墙砖的房间，勾缝的颜色如无特殊
标注外，均为白色。

次卧
乳胶漆面积: 27.26m²

主卧
乳胶漆面积: 12.63m²

客餐厅
乳胶漆面积: 37.77m²

阳台
墙砖面积:
13.11m²

卫生间
乳胶漆面积: 21.23m²

洗手间
墙砖面积:
8.00m²

厨房
墙砖面积: 23.34m²

X-QQ01
X-QZ02
X-QZ02
X-QZ01
X-QZ03

入口

北

图例	说明
X-QZ01	厨房墙砖(400×800甲供)
X-QZ02	卫生间墙砖(300×300甲供)
X-QZ03	阳台墙砖(300×300甲供)
X-QQ01	内墙涂料(甲供)

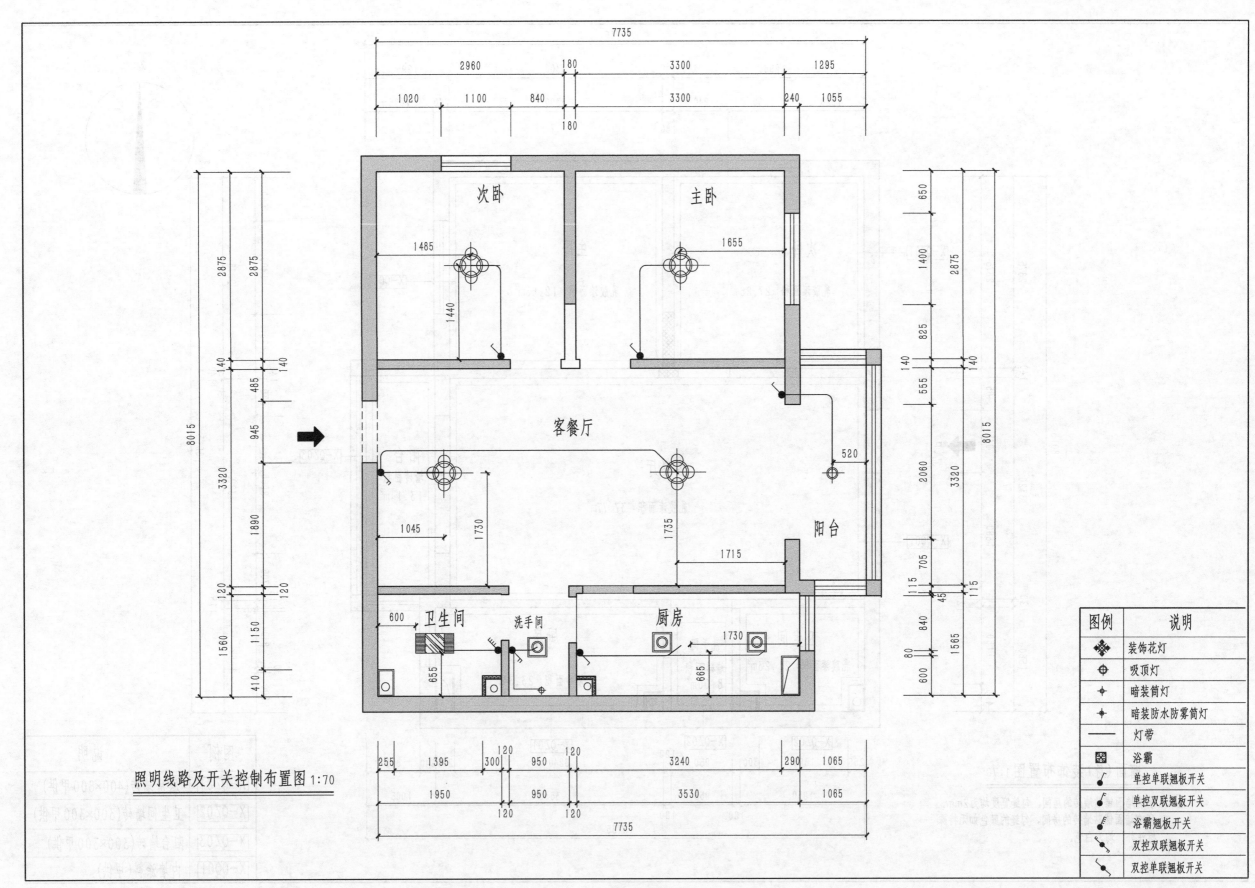

次卧

主卧

客餐厅

阳台

卫生间　　洗手间　　厨房

照明线路及开关控制布置图 1:70

图例	说明
✦	装饰花灯
⊕	吸顶灯
✦	暗装筒灯
✦	暗装防水防雾筒灯
—	灯带
▨	浴霸
↗	单控单联翘板开关
↗	单控双联翘板开关
↗	浴霸翘板开关
↘	双控双联翘板开关
↘	双控单联翘板开关

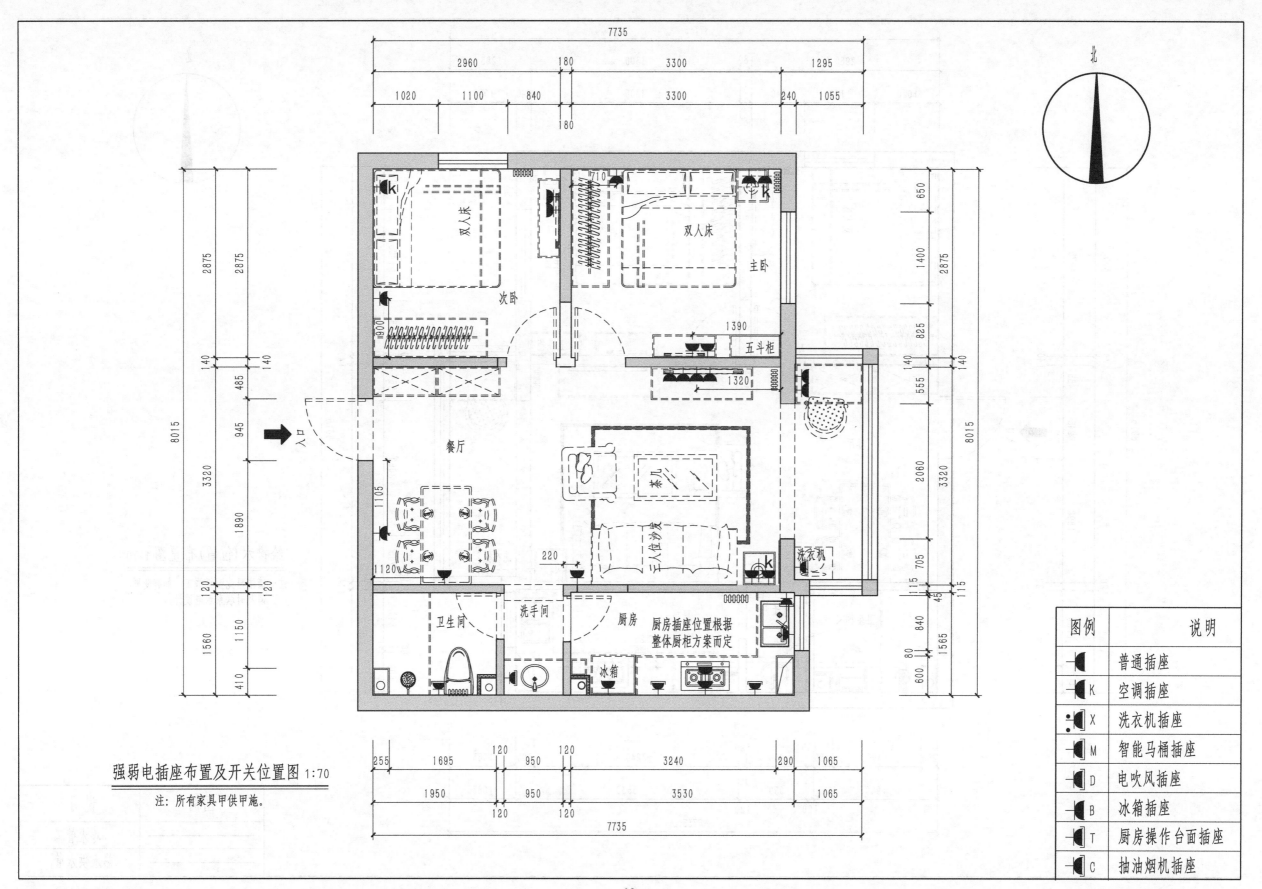

强弱电插座布置及开关位置图 1:70
注: 所有家具甲供甲施。

7735
2960 180 3300 1295
1020 1100 840 3300 240 1055
180
180

北

650
1400 825 2875
140 140
555
8015 2060 3320
115 705
45
115
840
80 1565
600

2875 2875
140 140
485
8015 945
3320
1890
120 120
1560 1150
410

双人床
次卧
900

双人床
主卧
710
1390
五斗柜
1320

入口
餐厅
1105

茶几
三人位沙发
洗衣机

1120
220

卫生间
洗手间
厨房
冰箱
厨房插座位置根据
整体厨柜方案而定

255 1695 120 950 120 3240 290 1065
1950 950 3530 1065
120 120
7735

图例	说明
◖	普通插座
◖K	空调插座
◖X	洗衣机插座
◖M	智能马桶插座
◖D	电吹风插座
◖B	冰箱插座
◖T	厨房操作台面插座
◖C	抽油烟机插座

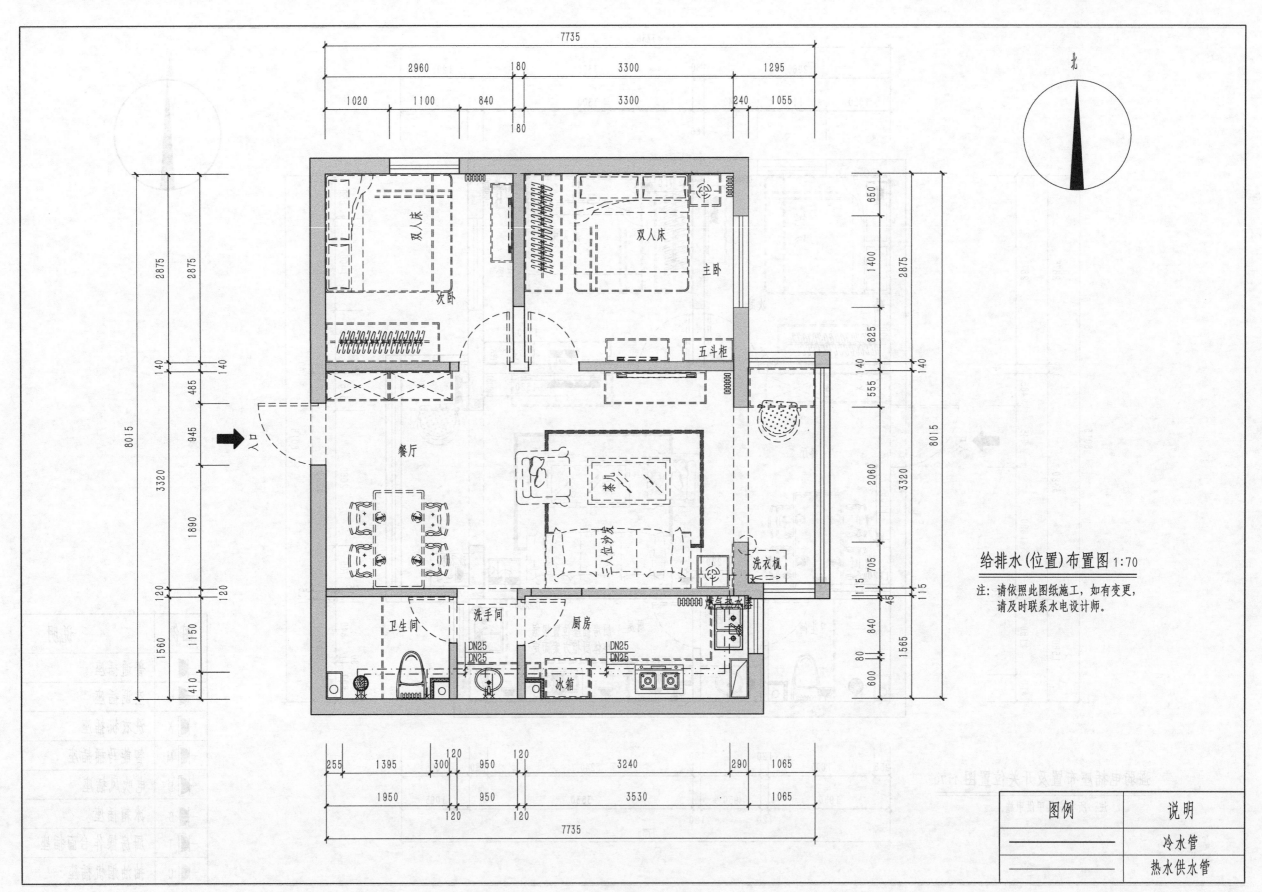

给排水(位置)布置图 1:70

注: 请依照此图纸施工, 如有变更,
请及时联系水电设计师。

图例	说明
	冷水管
	热水供水管

北

双人床

次卧

双人床

主卧

五斗柜

餐厅

茶几

三人位沙发

洗衣机

燃气热水器

卫生间

洗手间

厨房

冰箱

入口

DN25
DN25

DN25
DN25

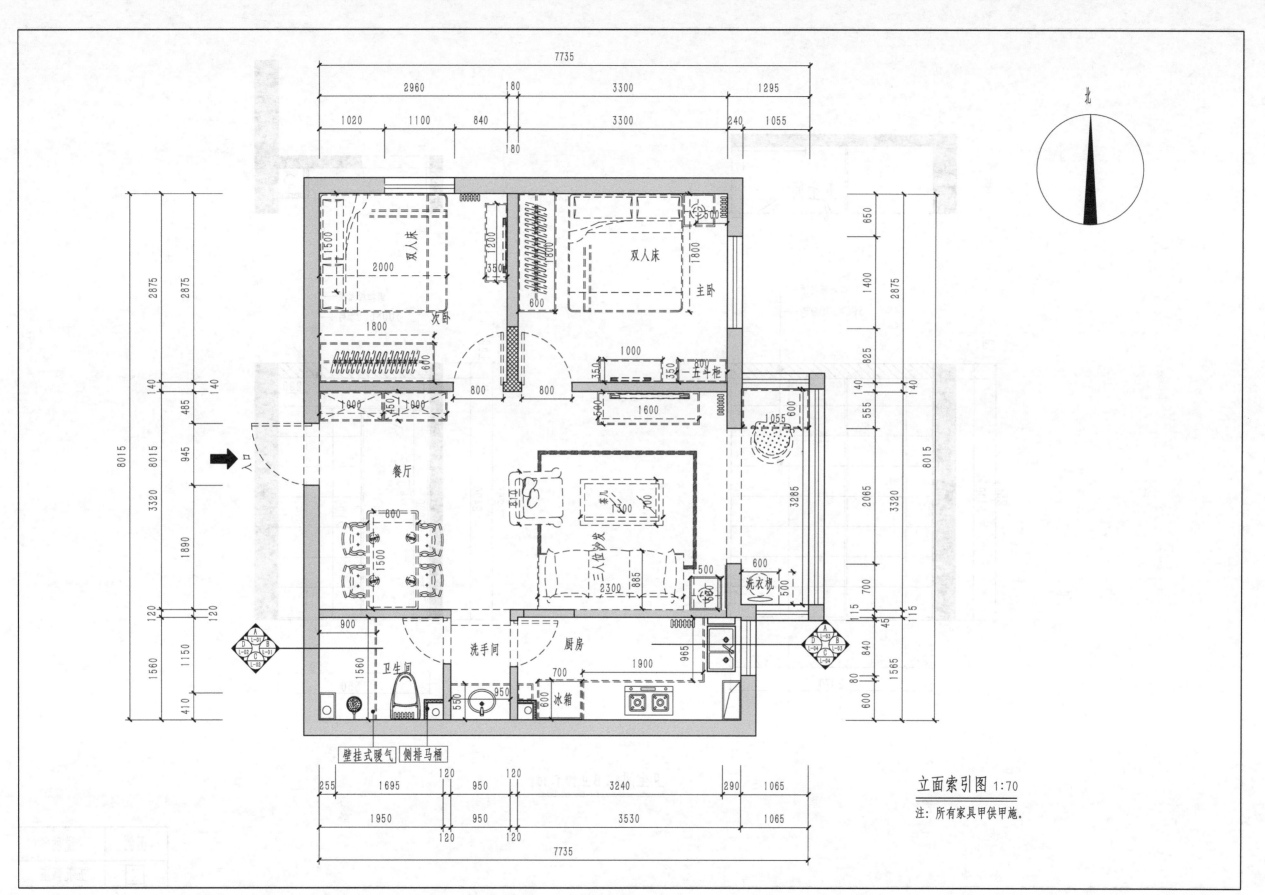

立面索引图 1:70

注: 所有家具甲供甲施。

双人床
次卧
2000
1800
1500
主卧
双人床
1800

五斗柜
1000
1600

入口
餐厅

三人位沙发
茶几
2300
885

洗衣机

卫生间
洗手间
厨房
冰箱

壁挂式暖气　侧排马桶

北

7735
2960
180
3300
1295
1020
1100
840
3300
240
1055
180

650
1400
2875
825
555
140
3285
2065
3320
115
45
115
840
80
1565
600

2875
2875
140
485
140
945
8015
8015
3320
1890
120
120
1150
1560
410

255
1695
120
950
120
3240
290
1065
1950
950
3530
1065
120
120
7735

900
1560
550
950
700
1900
600
965
500
600

· 51 ·

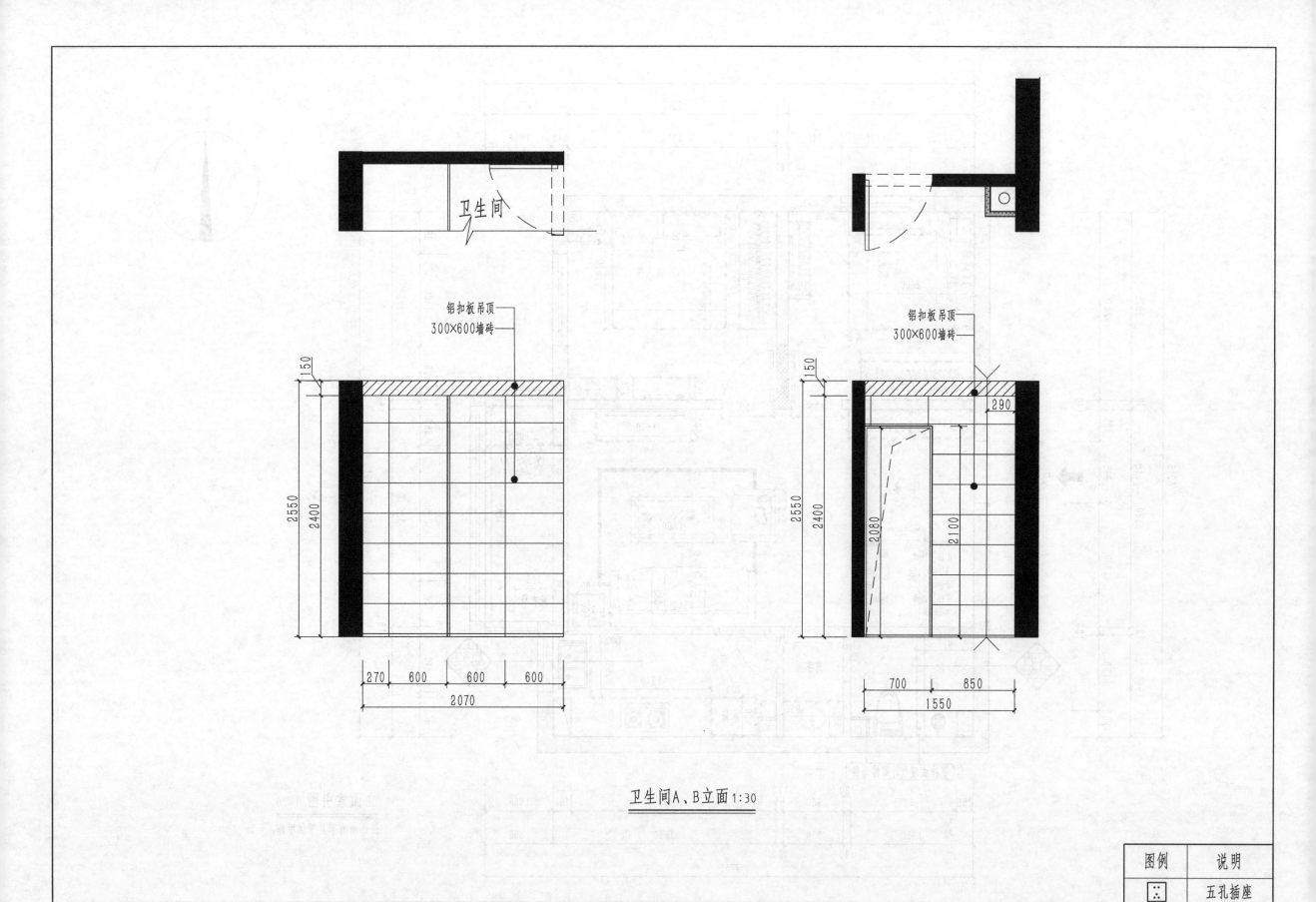

卫生间

铝扣板吊顶
300×600墙砖

铝扣板吊顶
300×600墙砖

150

2550
2400

150

2550
2400

290

2080

2100

270 600 600 600
2070

700 850
1550

卫生间A、B立面1:30

图例	说明
⁙	五孔插座

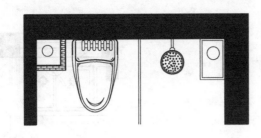

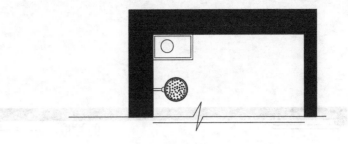

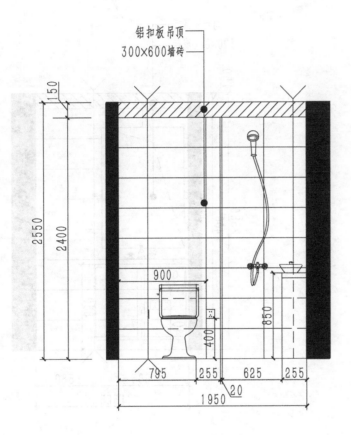

铝扣板吊顶
300×600墙砖

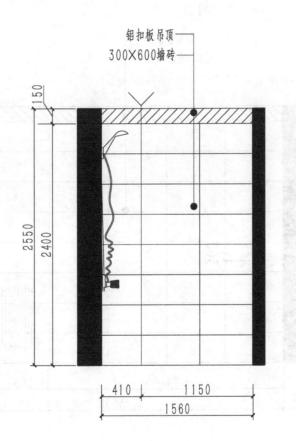

铝扣板吊顶
300×600墙砖

卫生间C、D立面1:30

图例	说明
⦂⦂	五孔插座

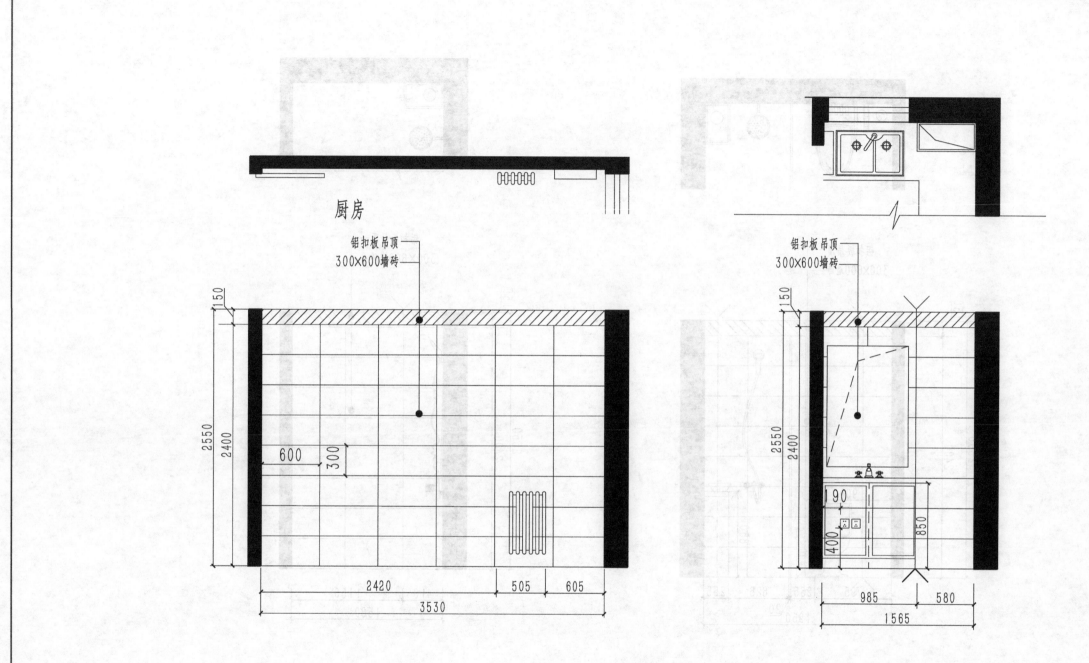

厨房

铝扣板吊顶
300X600墙砖

铝扣板吊顶
300X600墙砖

150

150

2550
2400

2550
2400

600

300

190

400

850

2420

505

605

985

580

3530

1565

厨房A、B立面 1:30

图例	说明
⠐	五孔插座

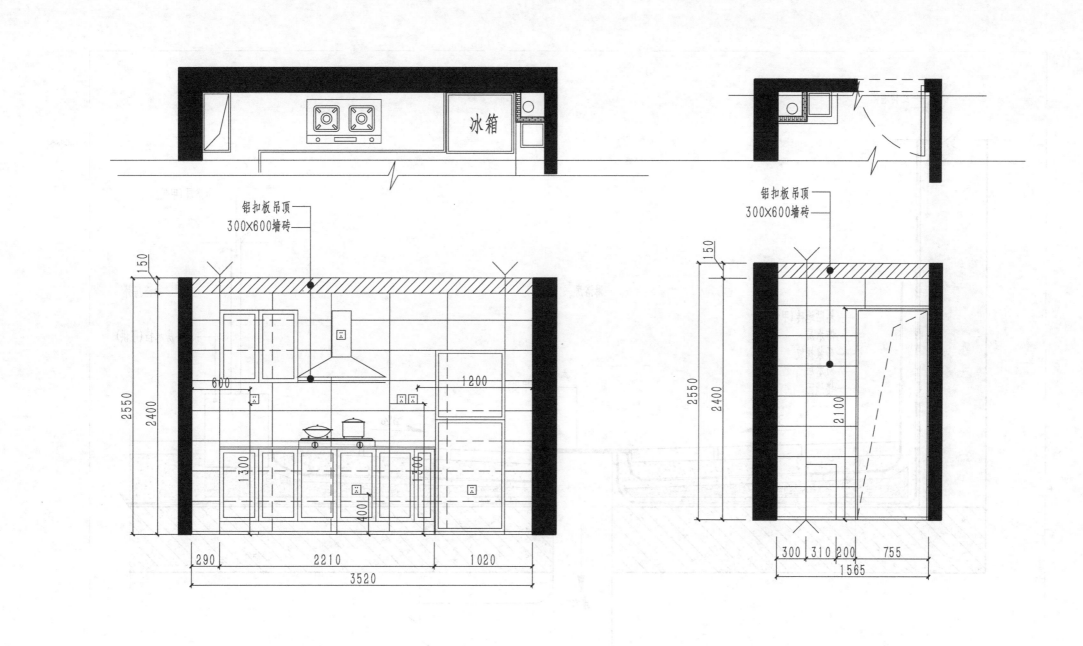

厨房C、D立面 1:30

图例	说明
⸬	五孔插座

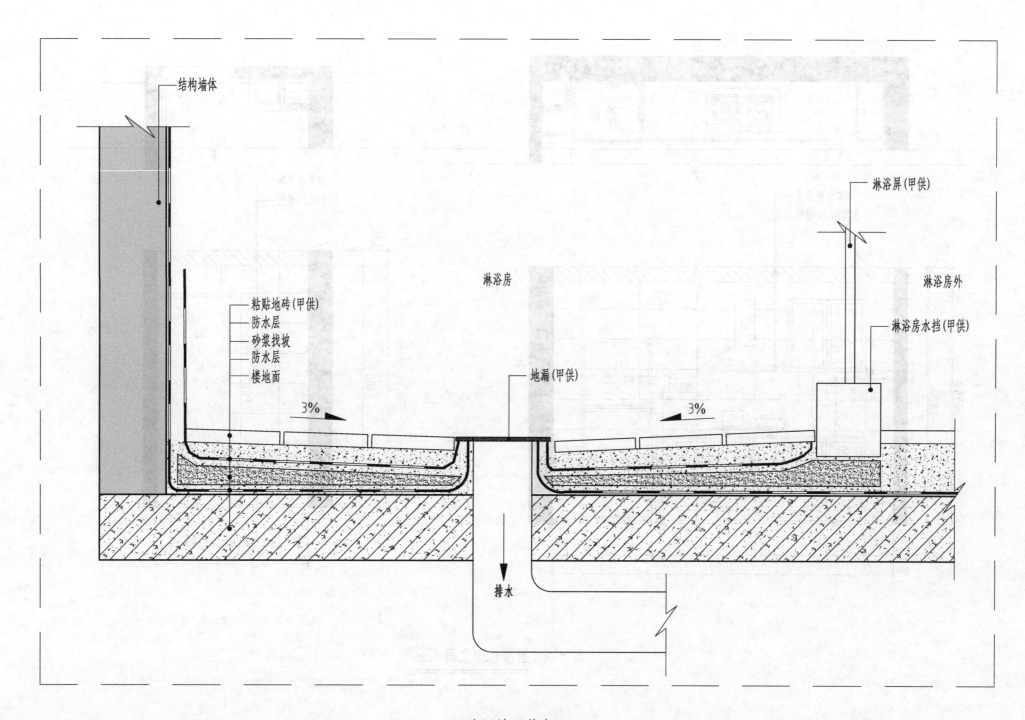

结构墙体

淋浴屏(甲供)

淋浴房

淋浴房外

粘贴地砖(甲供)
防水层
砂浆找坡
防水层
楼地面

淋浴房水挡(甲供)

地漏(甲供)

3%

3%

排水

卫生间地面节点图 1:5

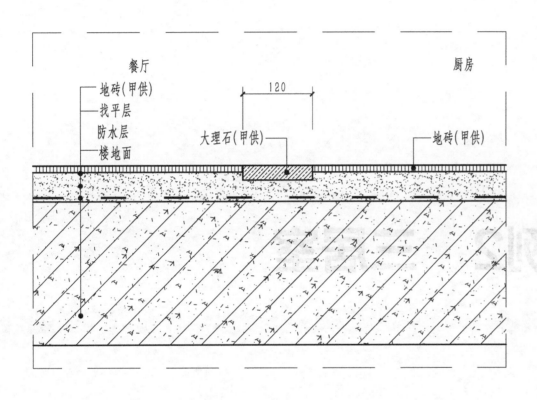

餐厅　　　　　　　　　　　　　　　　　　厨房

地砖(甲供)
找平层
防水层
楼地面

120

大理石(甲供)　　　　　　　　　地砖(甲供)

1
P-05　节点图1　1:5

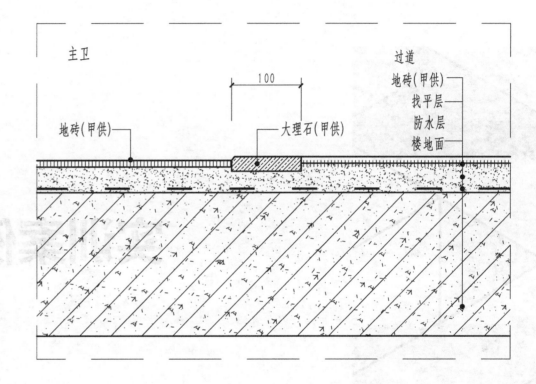

主卫　　　　　　　　　　　　　　　　　　过道

地砖(甲供)
找平层
防水层
楼地面

100

地砖(甲供)　　　　　大理石(甲供)

2
P-05　节点图2　1:5

地面过门石节点图　1:5

实训案例2　三居室

设 计 图 纸 目 录

序号	图号	图 名	备注	序号	图号	图 名	备注
01	S-00	图纸封面		39			
02	S-01	设计图纸目录		40			
03	S-02	工程概况及设计说明		41			
04	S-03	设计图纸图例		42			
05	YP-01	原始量房尺寸图		43			
06	P-01	拆除墙体位置图		44			
07	P-02	新建墙体位置图		45			
08	P-03	平面家具布置图		46			
09	P-04	顶面(天花)布置图		47			
10	P-05	地面装饰布置图		48			
11	P-06	地面(身)装饰布置图		49			
12	P-07	照明及开关控制布置图		50			
13	P-08	强弱电插座平面布置图		51			
14	P-09	给排水平面布置图		52			
15	P-10	立面索引图		53			
16	P-11	客厅地面尺寸详图		54			
17	L-01	厨房立面图		55			
18	L-02	主卫立面图		56			
19	L-03	次卫立面图		57			
20				58			
21				59			
22				60			
23				61			
24				62			
25				63			
26				64			
27				65			
28				66			
29				67			
30				68			
31				69			
32				70			
33				71			
34				72			
35				73			
36				74			
37				75			
38				76			

工程概况及设计说明

1 工程概况

1.1 工程地址：北京市门头沟区×号楼×单元×××

1.2 客户姓名：藏××，户型：三室两厅一厨两卫

1.3 建筑面积：111.3m²，套内面积：97.17m²，装饰面积：90.23m²

1.4 建筑层数：17 层

1.5 设计师姓名：欧彩霞，级别：普通，部门：三中心

1.6 客户需求：客户喜欢简约风格的装饰，要求以米黄色为主色调；以浅色为副色调。

1.7 设计风格：简约风格就是现代派的极简主义。也是目前住宅装修最流行的风格。简约风格更多地表现为实用性和多元化。

1.8 设计范围：本案设计内容为全案设计，包括结构设计、天花、地面、平面、水电路、立面索引，节点大样及主材的选择搭配，后期施工的节点交底，工地跟进，工地问题的协调沟通。

1.9 功能说明：本案的设计内容为全案设计，包括整体结构空间的合理化调整，及每个空间的具体功能分析，整套图纸内容包括测量图、结构设计、天花、灯位插座、地面、平面、水电路、立面、节点大样。

2 设计依据

2.1 室内设计方案

甲方提供的装修意见文件和设计任务书

2.2 参照标准

2.2.1 GB 50096—2011《住宅设计规范》

2.2.2 GB 50034—2013《建筑照明设计标准》

2.2.3 GB 50003—2011《砌体结构设计规范》

2.2.4 JGJ 242—2011《住宅建筑电气设计规范》

2.2.5 2012 年《东易日盛图纸设计标准》

3 绘图依据

3.1 GB/T 50001—2017《房屋建筑制图统一标准》

3.2 JGJ/T 244—2011《房屋建筑室内装饰装修制图标准》

3.3 DBJ 01-613—2002《北京市建筑装饰装修工程设计制图标准》

3.4 2012 年《东易日盛图纸设计标准》

4 图纸说明

4.1 本图纸标高为设计标高，应以实际现场放线标高为准，如放线后存在与图纸不符问题，应及时与设计师沟通确认。

4.2 图纸标注尺寸如与现场放线存在差异，应与设计师确认后施工。

4.3 如现场出现变更、洽商，必须通知设计出具相应图纸，签字确认后方可实施。

4.4 设计图纸中排砖效果及尺寸为参考尺寸，应以现场实际排砖尺寸为准。

4.5 所有非现场制作木作项目，如门、窗套、橱柜、壁柜、浴室柜等应以分项设计方案及深化设计图纸、现场实际测量尺寸为准。

5 分项验收及材料环保要求

5.1 GB 50210—2018《建筑装饰装修工程质量验收规范》

5.2 GB 50203—2011《砌筑结构工程施工质量验收规范》

5.3 GB 50209—2010《建筑地面工程施工质量验收规范》

5.4 GB 50303—2015《建筑电气工程施工质量验收规范》

5.5 GB 50242—2002《建筑给水排水及采暖工程施工质量验收规范》

5.6 GB 50325—2010《民用建筑工程室内环境污染控制规范》

6 特别说明

6.1 本图纸所标所有空调、烟感、喷淋、温控、检修口、消防栓、火警报警器、机电及消防位置只做示意。

6.2 因图纸尺寸为现场测量尺寸，图纸绘制尺寸会与现场存在偏差，应以实际现场放线尺寸为准。

设 计 图 纸 图 例

图例	说明	图例	说明	图例	说明	图例	说明
	暗装10A五孔插座		单控单联翘板开关		结构墙体		单层窗
	地面五孔插座		单控双联翘板开关		隔断		立转窗
	暗装10A五孔防水插座		单控三联翘板开关		栏杆		单层外开平开窗
	冰箱16A三孔插座		浴霸翘板开关		预制水泥空心板墙拆除		
	空调16A三孔插座		双控单联翘板开关		水泥压力板墙拆除		单层内开平开窗
	电视插座		双控双联翘板开关		轻钢龙骨墙体拆除		
	电话插座		格栅日光灯		砌块墙体拆除		单扇门
	宽带网插座		射灯		新建轻钢龙骨石膏板墙体		
	弱电箱		可调角度射灯		新建砌块墙体		双扇门
	配电箱		装饰花灯		新建砖砌墙体		
	对讲主机		吸顶灯		玻璃墙体		推拉门
	紧急按钮		暗装筒灯		木制墙体		墙外单扇推拉门
	风机盘管		暗装防水防雾筒灯		旋转门		墙外双扇推拉门
	空调出风口		壁灯		竖向卷帘门		墙中单扇推拉门
	空调回风口		地灯		横向卷帘门		墙中双扇推拉门
	空调新风口		暗装管灯				
	排风扇		烟道				
	暗装带排风浴霸						
	分水器		通风道		底层楼梯		
	暖气						
	燃气表		坡道		中间层楼梯		楼梯
	空调温控开关						
	下水竖向主管道(不同规格)						
	地面排水口				顶层楼梯		
	地漏						
	检查孔		石膏阴角线				
	截止阀		过门石				
±0.000	标高符号		波打线				
0.000	净高符号						

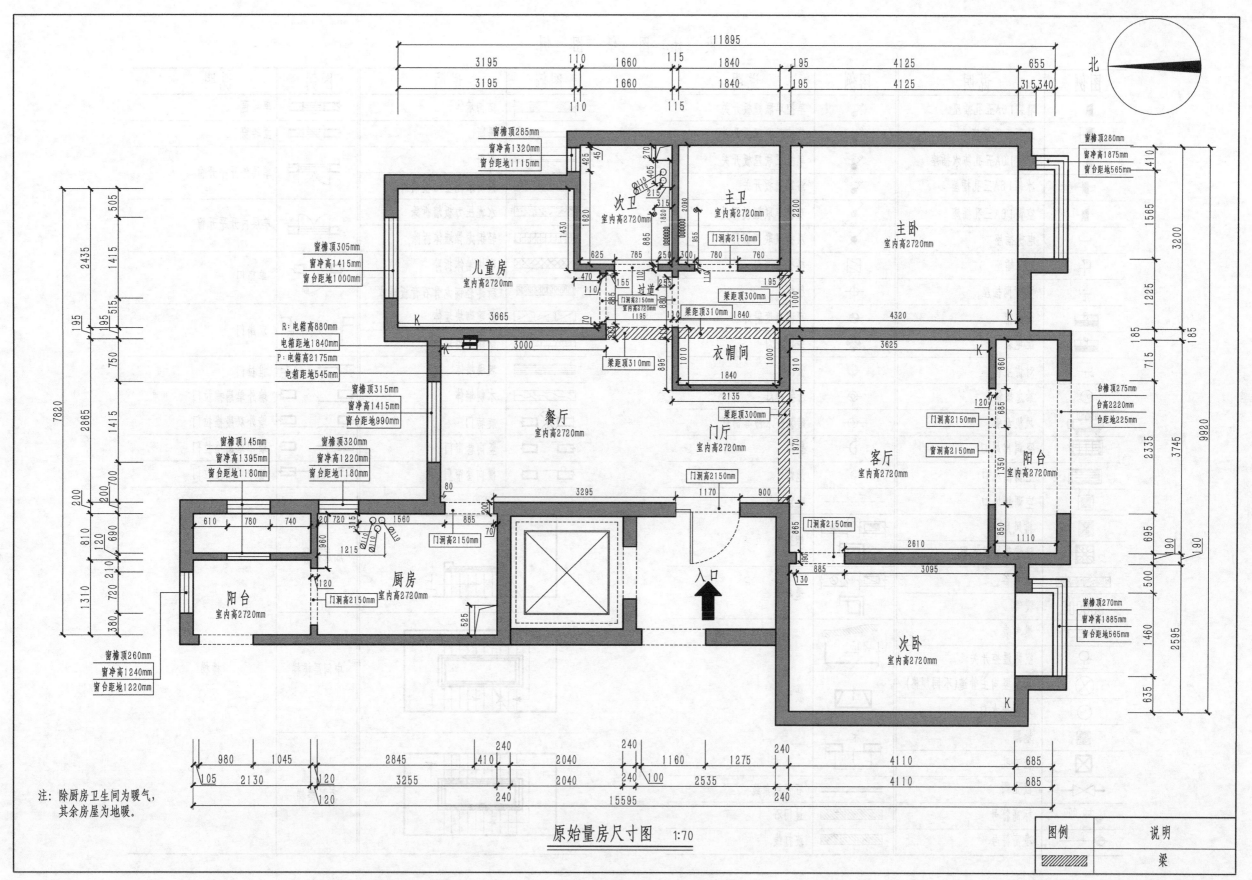

原始量房尺寸图 1:70

注：除厨房卫生间为暖气，
其余房屋为地暖。

北

次卫
室内高2720mm

主卫
室内高2720mm

主卧
室内高2720mm

儿童房
室内高2720mm

过道
室内高2720mm

衣帽间

餐厅
室内高2720mm

门厅
室内高2720mm

客厅
室内高2720mm

阳台
室内高2720mm

阳台
室内高2720mm

厨房
室内高2720mm

次卧
室内高2720mm

入口

窗檐顶285mm
窗净高1320mm
窗台距地1115mm

窗檐顶280mm
窗净高1875mm
窗台距地565mm

窗檐顶305mm
窗净高1415mm
窗台距地1000mm

R：电箱高880mm
电箱距地1840mm
P：电箱高2175mm
电箱距地545mm

窗檐顶315mm
窗净高1415mm
窗台距地990mm

窗檐顶145mm
窗净高1395mm
窗台距地1180mm

窗檐顶320mm
窗净高1220mm
窗台距地1180mm

窗檐顶260mm
窗净高1240mm
窗台距地1220mm

窗檐顶275mm
台高2220mm
窗台距地225mm

窗檐顶270mm
窗净高1885mm
窗台距地565mm

门洞高2150mm

门洞高2150mm

门洞高2150mm

门洞高2150mm

门洞高2150mm

门洞高2150mm

门洞高2150mm

梁距顶300mm
梁距顶310mm

梁距顶310mm

梁距顶300mm

图例	说明
	梁

· 62 ·

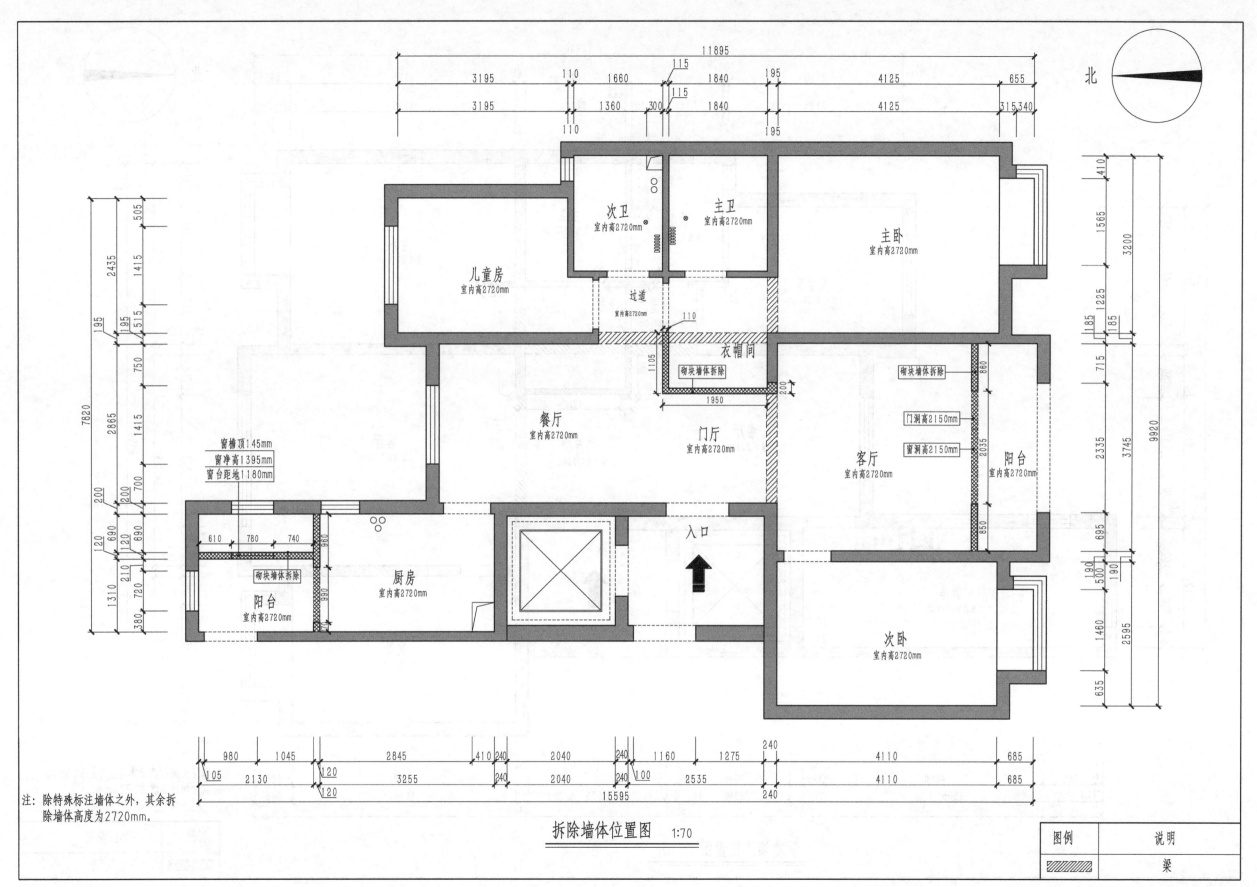

11895

3195   110   1660   115   1840   195   4125   655

3195   1360   300   115   1840   4125   315340
110   195

北

次卫
室内高2720mm

主卫
室内高2720mm

主卧
室内高2720mm

儿童房
室内高2720mm

过道
室内高2720mm

110

衣帽间

砌块墙体拆除

1950   200

砌块墙体拆除   860

门洞高2150mm

窗洞高2150mm

阳台
室内高2720mm

餐厅
室内高2720mm

门厅
室内高2720mm

客厅
室内高2720mm

窗槛顶145mm
窗净高1395mm
窗台距地1180mm

610   780   740

砌块墙体拆除

厨房
室内高2720mm

入口

阳台
室内高2720mm

次卧
室内高2720mm

注：除特殊标注墙体之外，其余拆
除墙体高度为2720mm。

980   1045   2845   410240   2040   240   1160   1275   240   4110   685

105   2130   120   3255   240   2040   240   100   2535   240   4110   685

15595   240

拆除墙体位置图   1:70

图例	说明
(hatched)	梁

· 63 ·

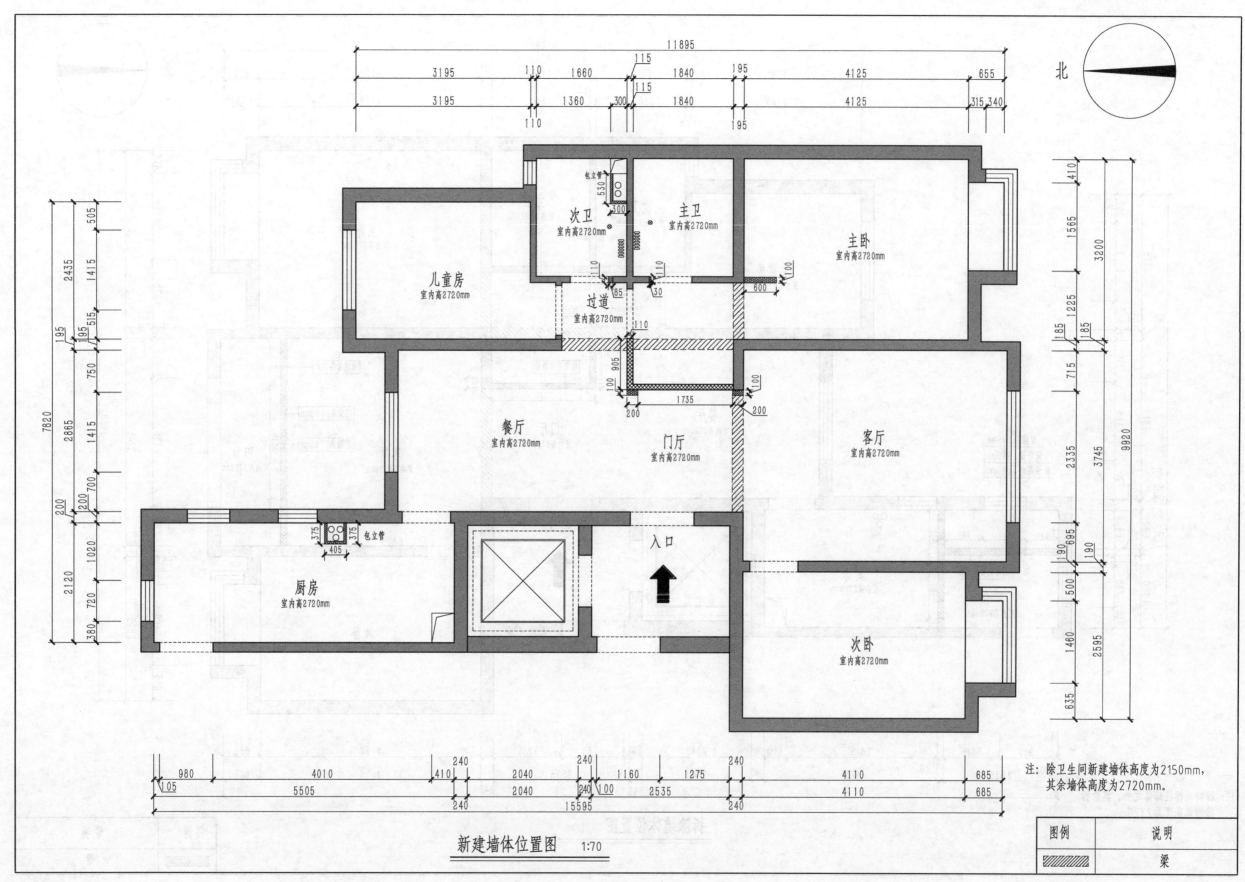

新建墙体位置图　　1:70

图例	说明
/////	梁

北

11895

3195　110　1660　115　1840　195　4125　655
3195　1360　300　1840　4125　315　340
115
110　195

410
1565
3200
1225
185
185
715
2335
3745
9920
190
695
190
500
1460
2595
635

505
2435　1415
195
195
515　750
7820　2865　1415
200
700
200
1020
2120
720
380

次卫
室内高2720mm
包立管
530
300

主卫
室内高2720mm

主卧
室内高2720mm

儿童房
室内高2720mm

过道
室内高2720mm
110　110
85
30
100
600
100
110
905
100
1735
200
200
200

餐厅
室内高2720mm

门厅
室内高2720mm

客厅
室内高2720mm

厨房
室内高2720mm
375　375
包立管
405

入口

次卧
室内高2720mm

980　4010　240　410　2040　240　1160　1275　240　4110　685
105　5505　2040　240　100　2535　4110　685
240　240　240
240　15595

注：除卫生间新建墙体高度为2150mm，
其余墙体高度为2720mm。

· 64 ·

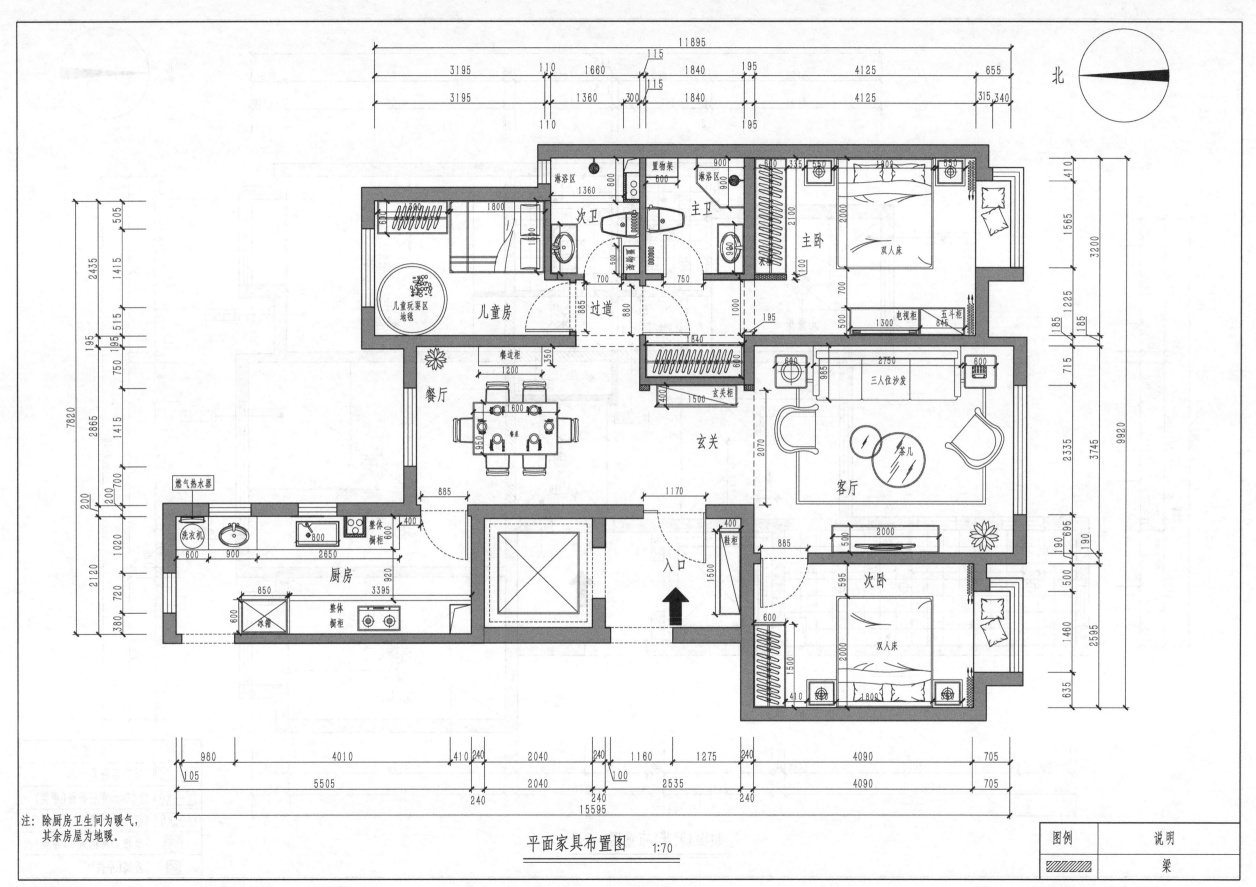

北

11895
3195 | 110 | 1660 | 115 | 1840 | 195 | 4125 | 655
3195 | 1360 | 300 | 115 | 1840 | 4125 | 315 340
110 | 195

淋浴区   置物架   淋浴区
800   600   900
1360   900
次卫   主卫   600 335 550   1300   510
900   2100   主卧
500   750   1100
700   双人床   2000
885   1500   1505
1415
2435   610   1800   500
505   儿童玩耍区
地毯   儿童房   880   1000   195   电视柜   五斗柜
1225
餐边柜   1840   845
350   610   1185
1200   玄关柜   185 185
餐厅   1500   600 985   2750   600   715
195   三人位沙发   1565 3200
750   1415   195   玄关   茶几   2335 3745
2865   1600   客厅
7820   餐桌   950   2070   9920
885   200 695 190
燃气热水器   2000   190
500
1170   500
洗衣机   整体
橱柜   次卧
800   400   400   595
200 700   整体   2000
1020   600 900   2650   橱柜   入口   鞋柜   1460 2595
600   双人床
2120   厨房   1500   600   1800
720   850   920   3395   635
380   600 冰箱   整体 橱柜   410
1500

980   4010   410 240   2040   240   1160   1275   240   4090   705
105   5505   2040   100   2535   4090   705
100   240   240   240
15595

注：除厨房卫生间为暖气，
其余房屋为地暖。   平面家具布置图   1:70

图例	说明
▨	梁

· 65 ·

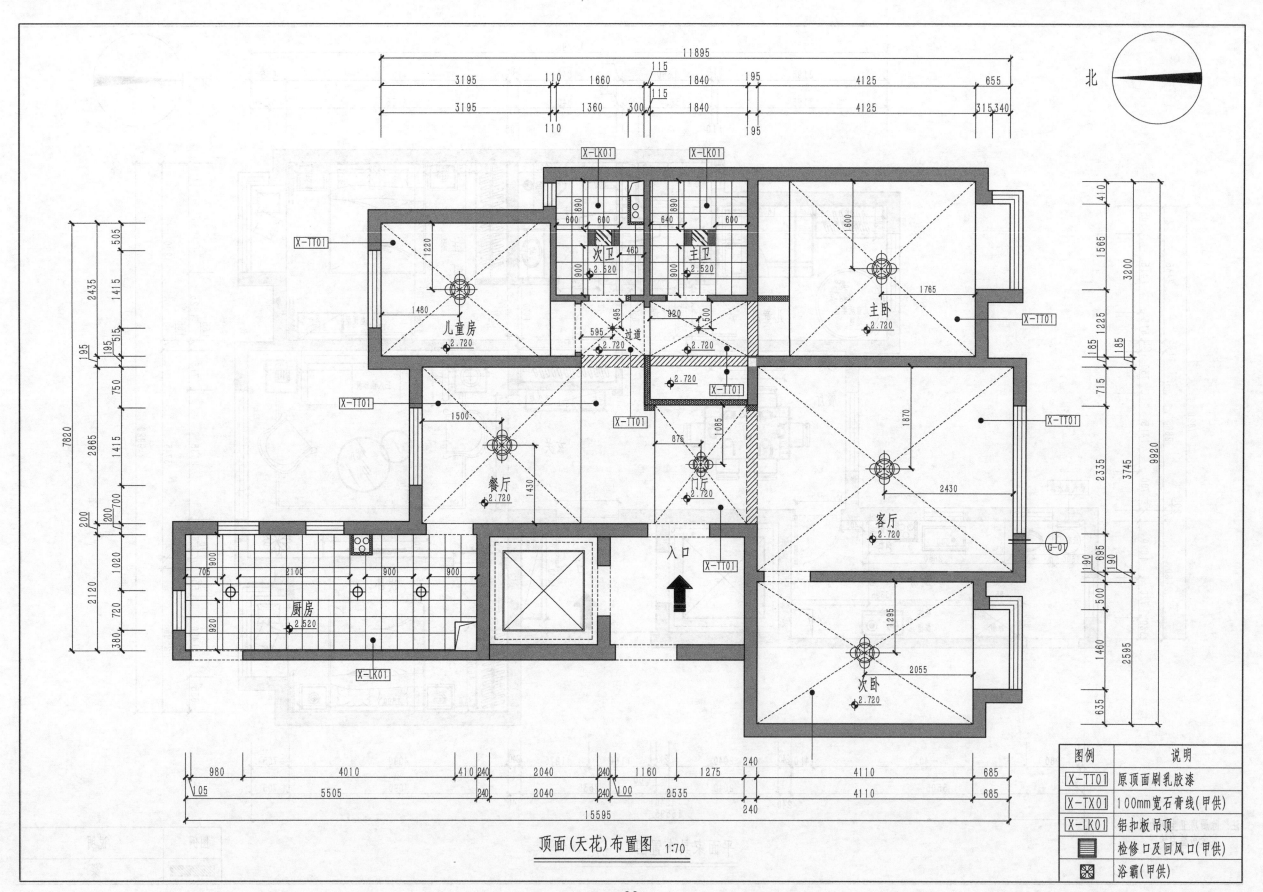

北

11895
3195 | 110 | 1660 | 115 | 1840 | 195 | 4125 | 655
3195 | | 1360 | 300 | 1840 | | 4125 | 315 340
115
110 | 115 | | 195

X-LK01   X-LK01

X-TT01

410
1565
3200

次卫   主卫
2.520   2.520

儿童房
2.720

890 | 600 | 600 | 640 | 890 | 600
460
900 | 900

主卧
2.720

1765

1225
185 185
X-TT01

715
X-TT01

X-TT01

过道
2.720
595 | 495 | 920 | 500
2.720 | 2.720
2.720
X-TT01

餐厅
2.720

1500
1430

875
门厅
2.720
1085

客厅
2.720

1870
2335
3745
9920

2430

X-TT01

厨房
2.520

入口
X-TT01

695
190 190

500
635

705 | 2100 | 900 | 900
920
900

次卧
2.720

2055
1295

2595

X-LK01

7820
195 | 195 | 515 | 750 | 200 700 | 1020 | 720 | 380
505 | 1415 | 2435 | 1415 | 2865 | 200 | 2120

980 | 4010 | 410 240 | 2040 | 240 | 1160 | 1275 | 240 | 4110 | 685
105 | 5505 | 240 | 2040 | 240 100 | 2535 | 240 | 4110 | 685
240

15595

顶面(天花)布置图 1:70

图例	说明
X-TT01	原顶面刷乳胶漆
X-TX01	100mm宽石膏线(甲供)
X-LK01	铝扣板吊顶
▦	检修口及回风口(甲供)
❇	浴霸(甲供)

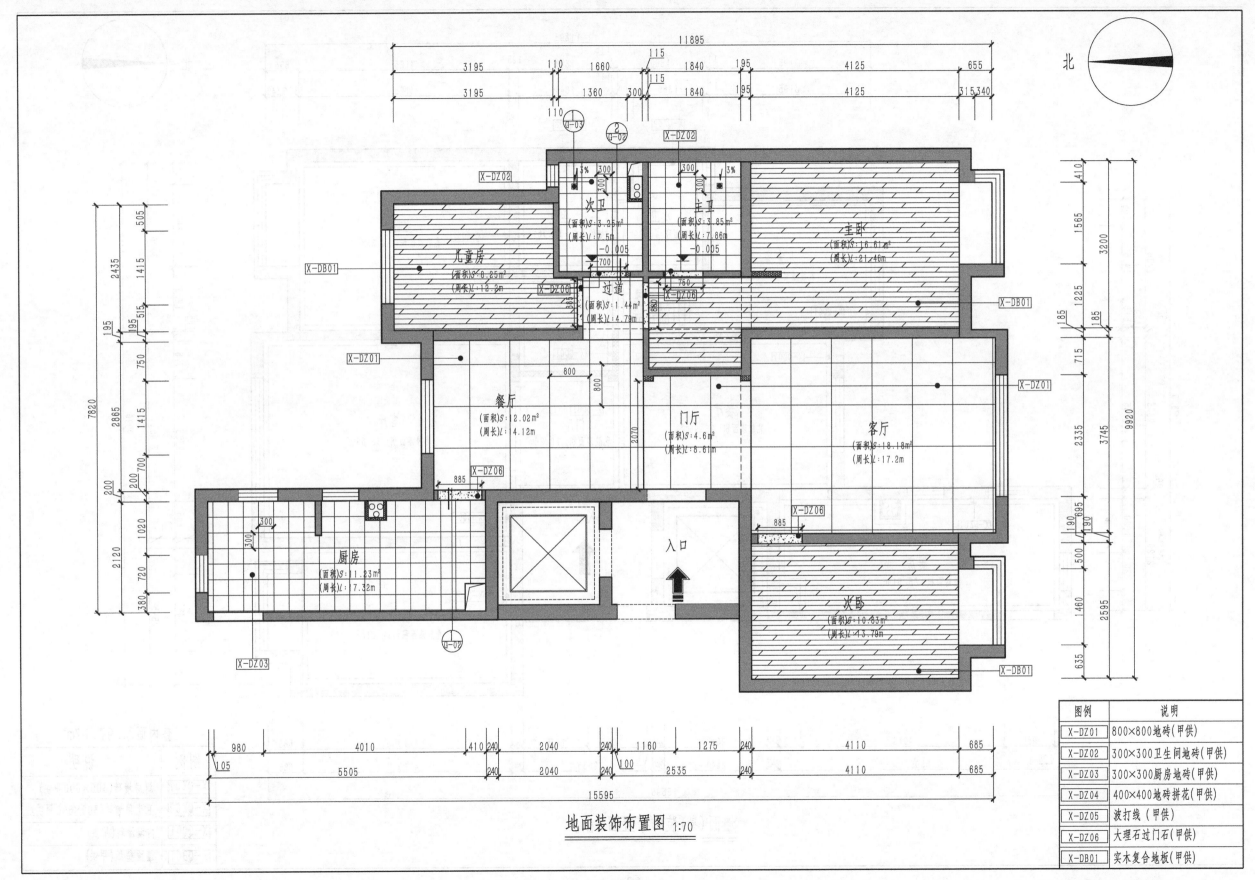

北

11895
3195　110　1660　115　1840　195　4125　655
3195　1360　300　115　1840　195　4125　315 340
110

①-03
②-02
X-DZ02

X-DZ02
次卫
(面积)S:3.25㎡
(周长)L:7.5m
-0.005

主卫
(面积)S:3.85㎡
(周长)L:7.86m
-0.005

主卧
(面积)S:16.61㎡
(周长)L:21.46m

X-DB01

儿童房
(面积)S:9.25㎡
(周长)L:13.2m

X-DZ06
过道
(面积)S:1.44㎡
(周长)L:4.79m

X-DZ06

X-DB01

X-DZ01

餐厅
(面积)S:12.02㎡
(周长)L:14.12m

800
800

门厅
(面积)S:4.6㎡
(周长)L:8.61m

2070

客厅
(面积)S:18.18㎡
(周长)L:17.2m

X-DZ01

X-DZ06

X-DZ06
885

885

厨房
(面积)S:11.23㎡
(周长)L:17.32m

入口

次卧
(面积)S:10.83㎡
(周长)L:13.79m

X-DB01

X-DZ03

①-02

7820
505　2435　1415　195　515　750　1415　2865　200　700　200　1020　2120　720　380

410　1185　185　1225　715　2335　3745　190　695　90　500　1460　2595　635
1565　3200　9920

980　4010　410　240　2040　240　1160　1275　240　4110　685
105　5505　240　2040　240　100　2535　240　4110　685
15595

地面装饰布置图 1:70

图例	说明
X-DZ01	800×800地砖(甲供)
X-DZ02	300×300卫生间地砖(甲供)
X-DZ03	300×300厨房地砖(甲供)
X-DZ04	400×400地砖拼花(甲供)
X-DZ05	波打线(甲供)
X-DZ06	大理石过门石(甲供)
X-DB01	实木复合地板(甲供)

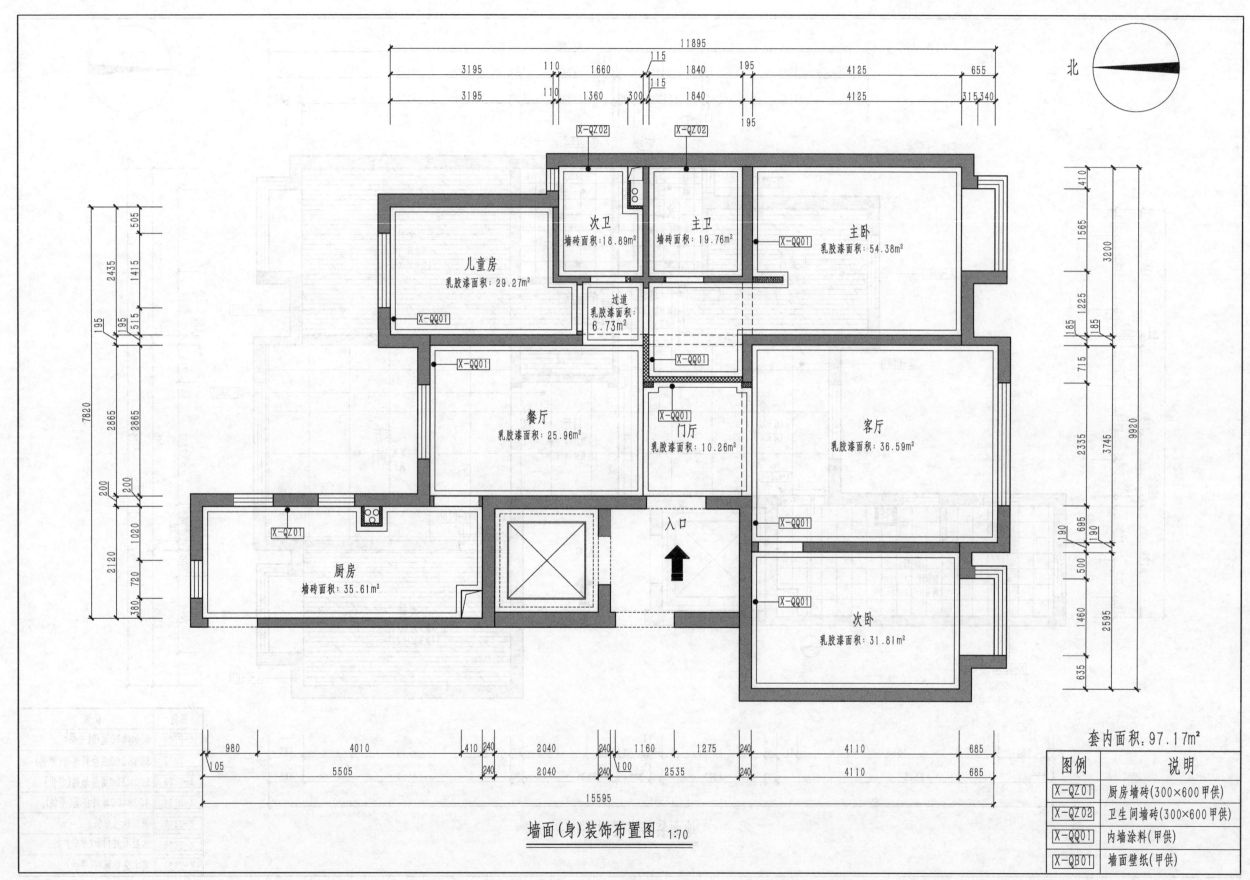

墙面(身)装饰布置图 1:70

套内面积:97.17m²

图例	说明
X-QZ01	厨房墙砖(300×600甲供)
X-QZ02	卫生间墙砖(300×600甲供)
X-QQ01	内墙涂料(甲供)
X-QB01	墙面壁纸(甲供)

北

入口

次卫
墙砖面积:18.89m²

主卫
墙砖面积:19.76m²

主卧
乳胶漆面积:54.38m²

儿童房
乳胶漆面积:29.27m²

过道
乳胶漆面积:
6.73m²

餐厅
乳胶漆面积:25.96m²

门厅
乳胶漆面积:10.26m²

客厅
乳胶漆面积:36.59m²

厨房
墙砖面积:35.61m²

次卧
乳胶漆面积:31.81m²

X-QZ02
X-QZ02
X-QQ01
X-QQ01
X-QQ01
X-QQ01
X-QQ01
X-QQ01
X-QZ01
X-QQ01

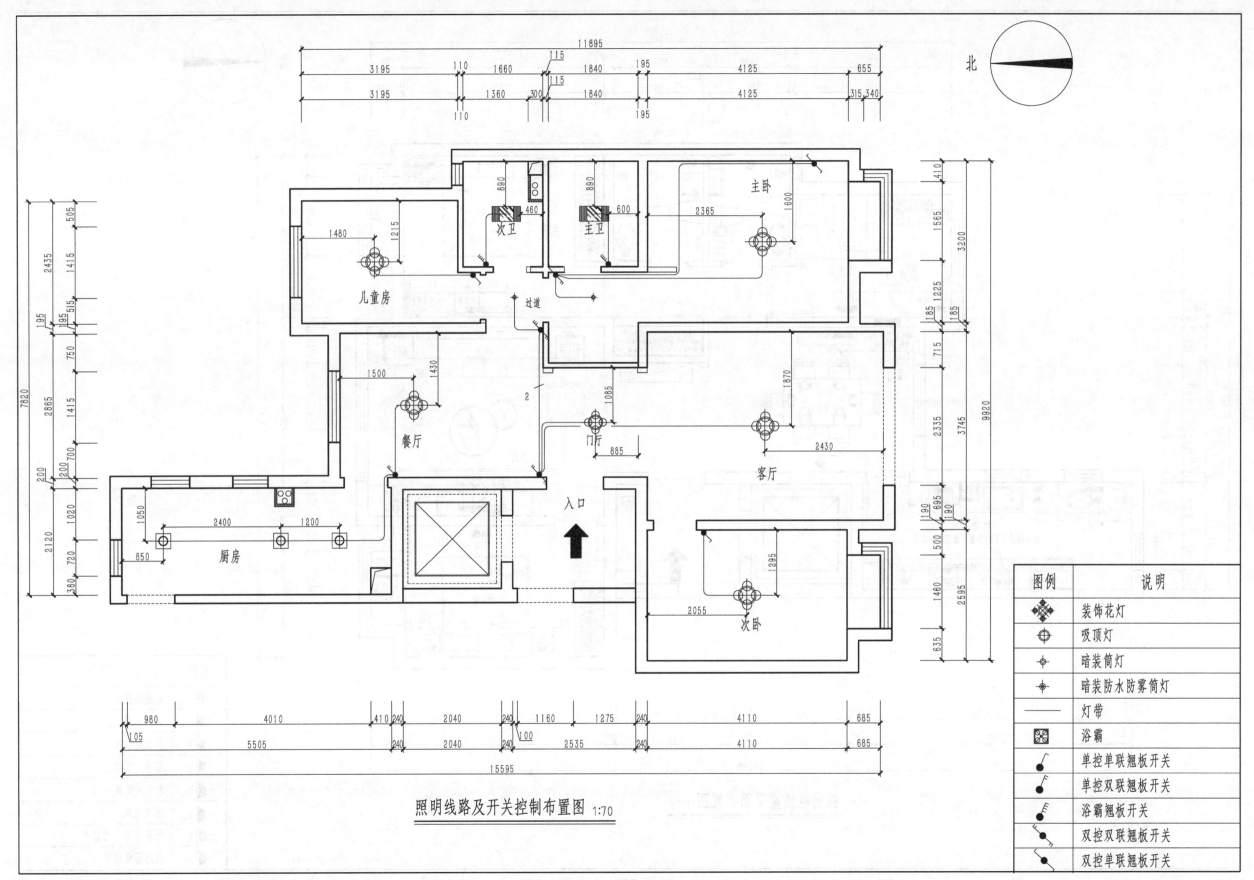

北

图例	说明
✾	装饰花灯
⊕	吸顶灯
⊕	暗装筒灯
⊕	暗装防水防雾筒灯
—	灯带
▨	浴霸
⌁	单控单联翘板开关
⌁	单控双联翘板开关
⌁	浴霸翘板开关
⌁	双控双联翘板开关
⌁	双控单联翘板开关

主卧

次卫

主卫

儿童房

过道

餐厅

门厅

客厅

入口

厨房

次卧

照明线路及开关控制布置图 1:70

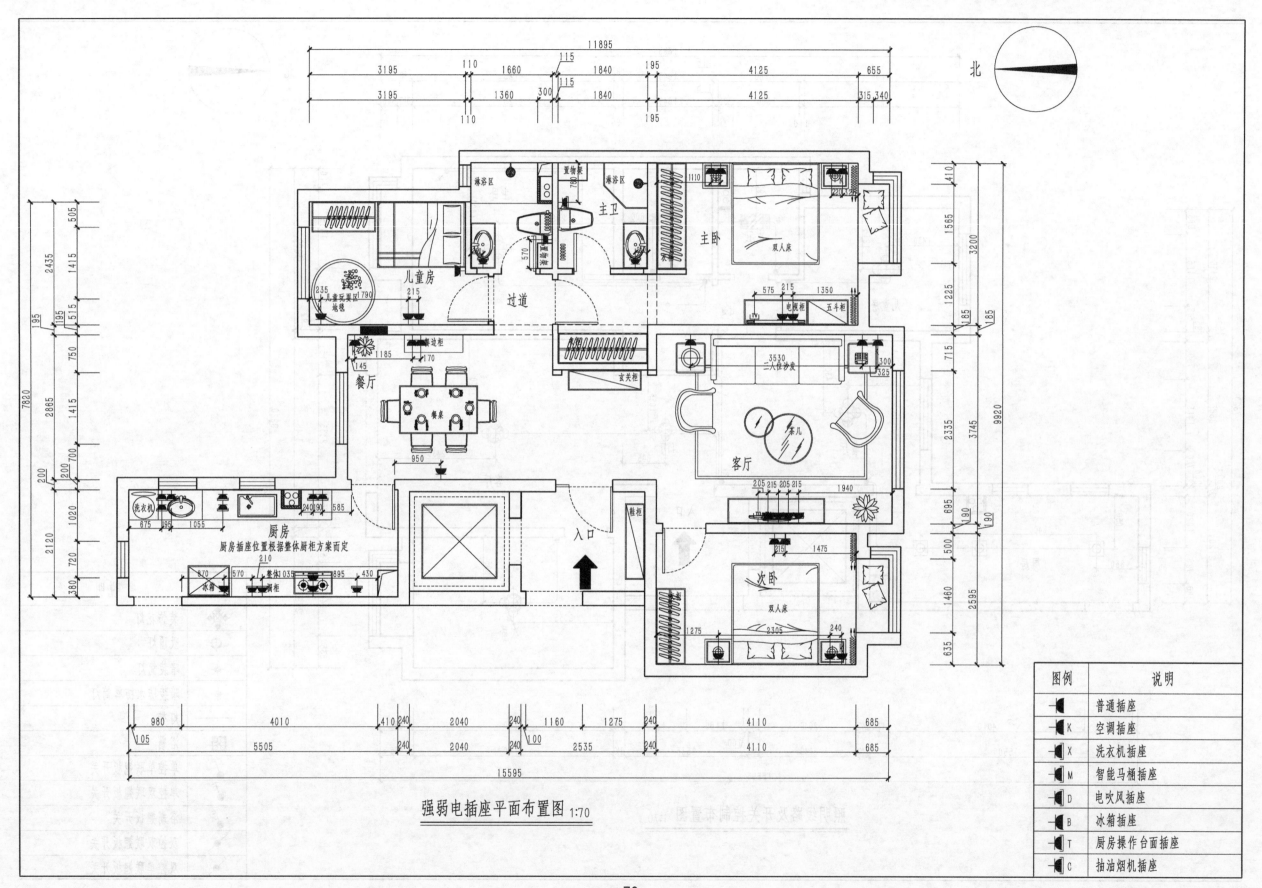

强弱电插座平面布置图 1:70

北

图例		说明
⊣◖		普通插座
⊣◖	K	空调插座
⊣◖	X	洗衣机插座
⊣◖	M	智能马桶插座
⊣◖	D	电吹风插座
⊣◖	B	冰箱插座
⊣◖	T	厨房操作台面插座
⊣◖	C	抽油烟机插座

主卫
主卧
双人床
淋浴区
置物架
儿童房
儿童玩耍区
地毯
电视柜
五斗柜
过道
玄关柜
客厅
二人位沙发
茶几
餐厅
餐边柜
餐桌
厨房
厨房插座位置根据整体厨柜方案而定
洗衣机
冰箱
橱柜
入口
鞋柜
次卧
双人床

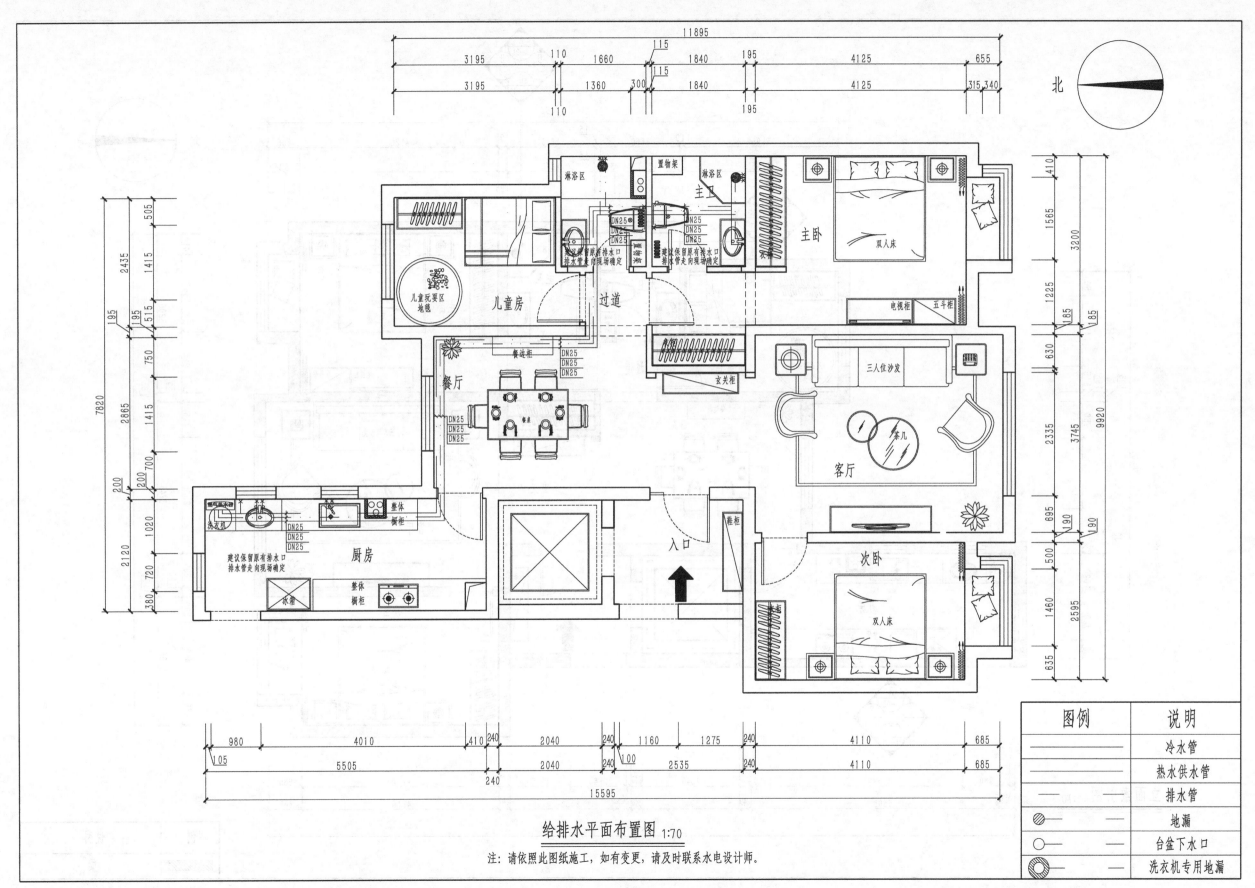

给排水平面布置图 1:70

注：请依照此图纸施工，如有变更，请及时联系水电设计师。

图例	说明
——————	冷水管
——————	热水供水管
— — —	排水管
⊘—	地漏
○—	台盆下水口
◎—	洗衣机专用地漏

北

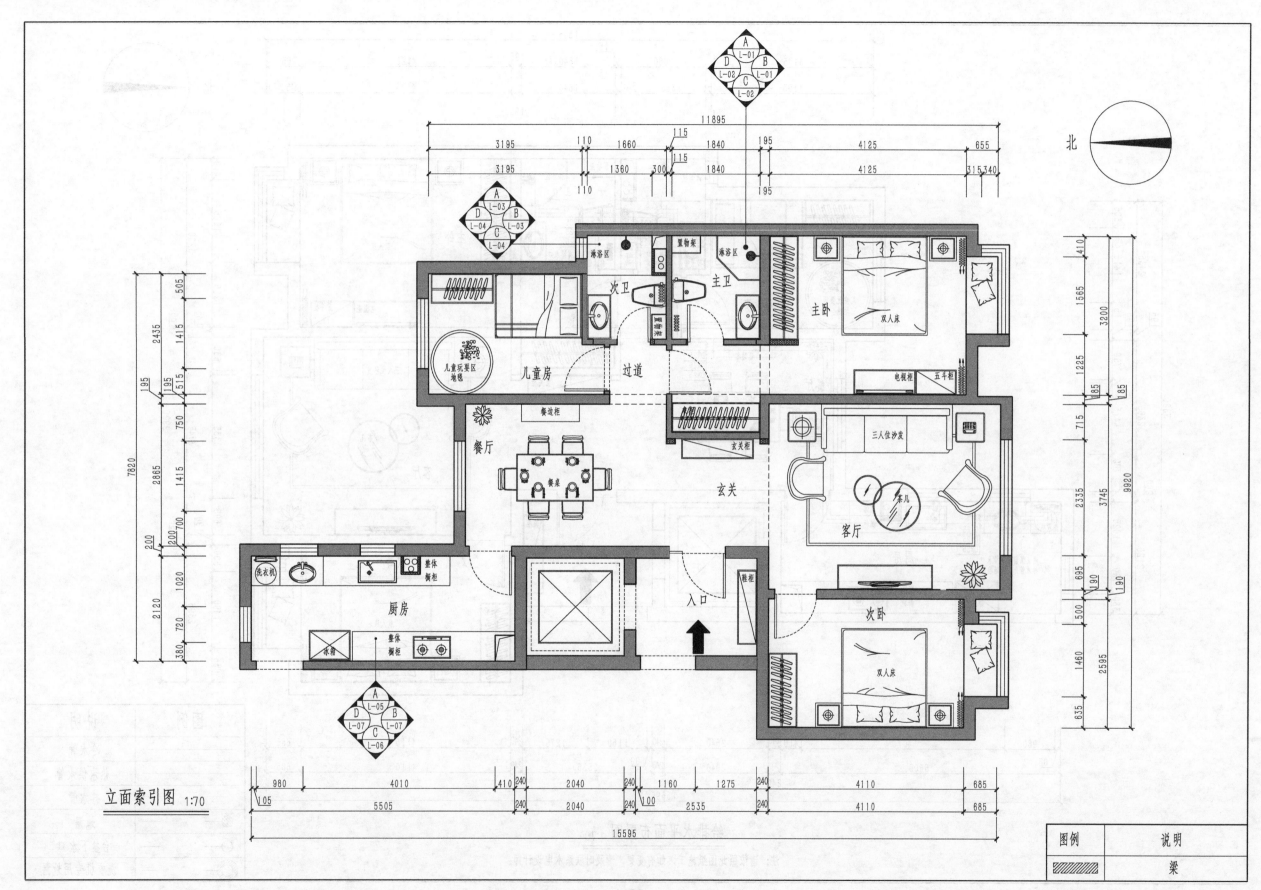

立面索引图 1:70

北

图例	说明
/////	梁

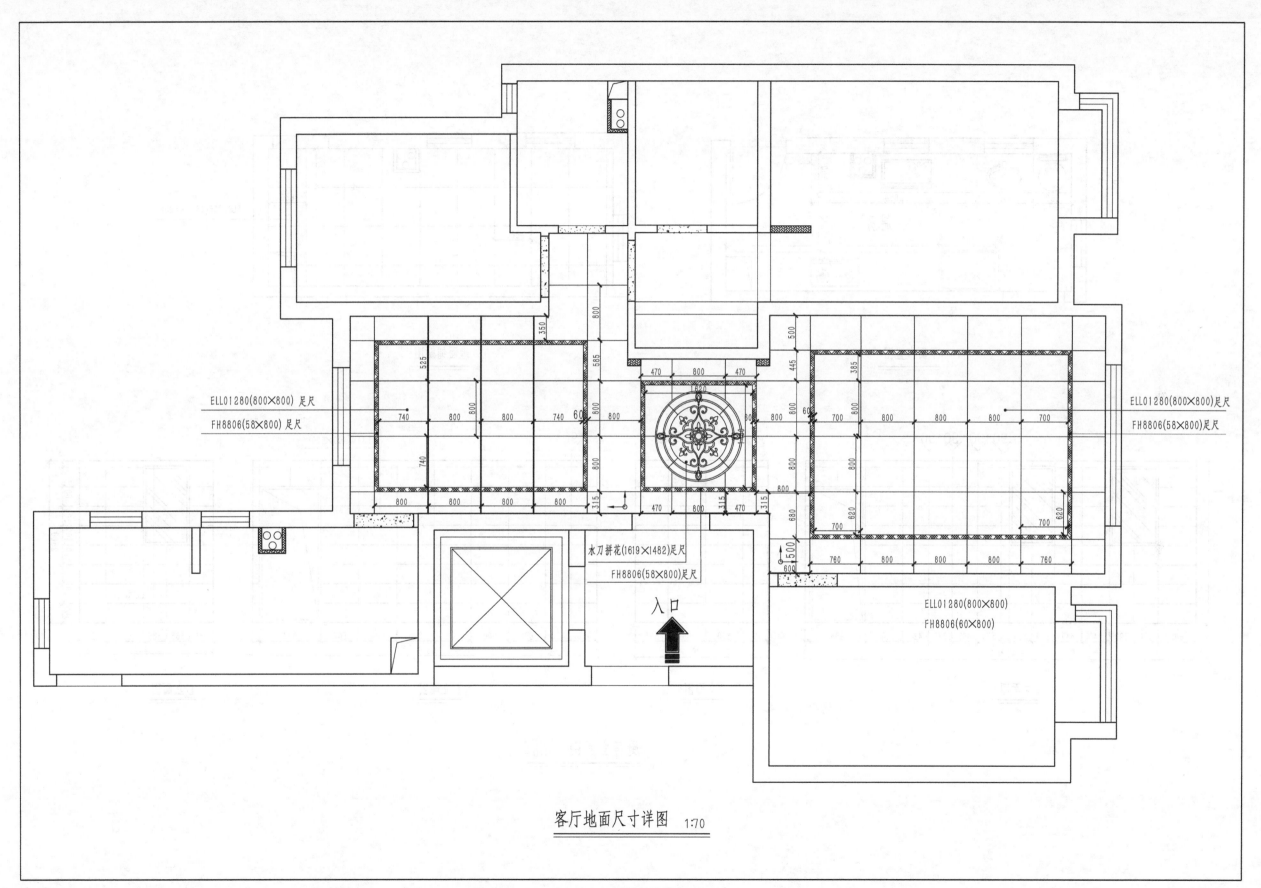

ELL01280(800×800)足尺

FH8806(58×800)足尺

ELL01280(800×800)足尺

FH8806(58×800)足尺

水刀拼花(1619×1482)足尺
FH8806(58×800)足尺

入口

ELL01280(800×800)
FH8806(60×800)

客厅地面尺寸详图 1:70

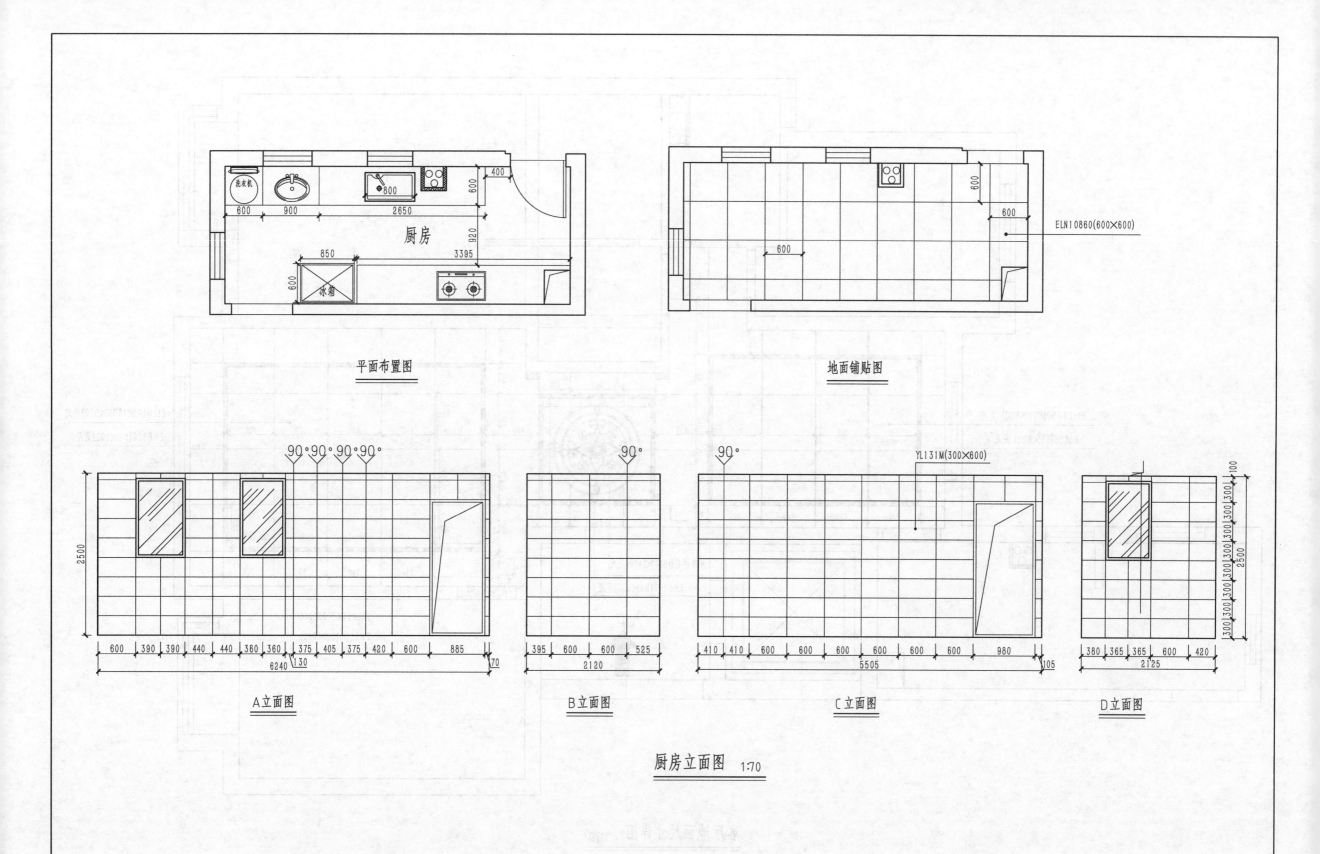

平面布置图

地面铺贴图

ELN10860(600×600)

厨房

90° 90° 90° 90°　　　　　90°　　　　90°　　　YL131M(300×600)

A立面图　　　　　　　B立面图　　　　　　C立面图　　　　D立面图

厨房立面图　1:70

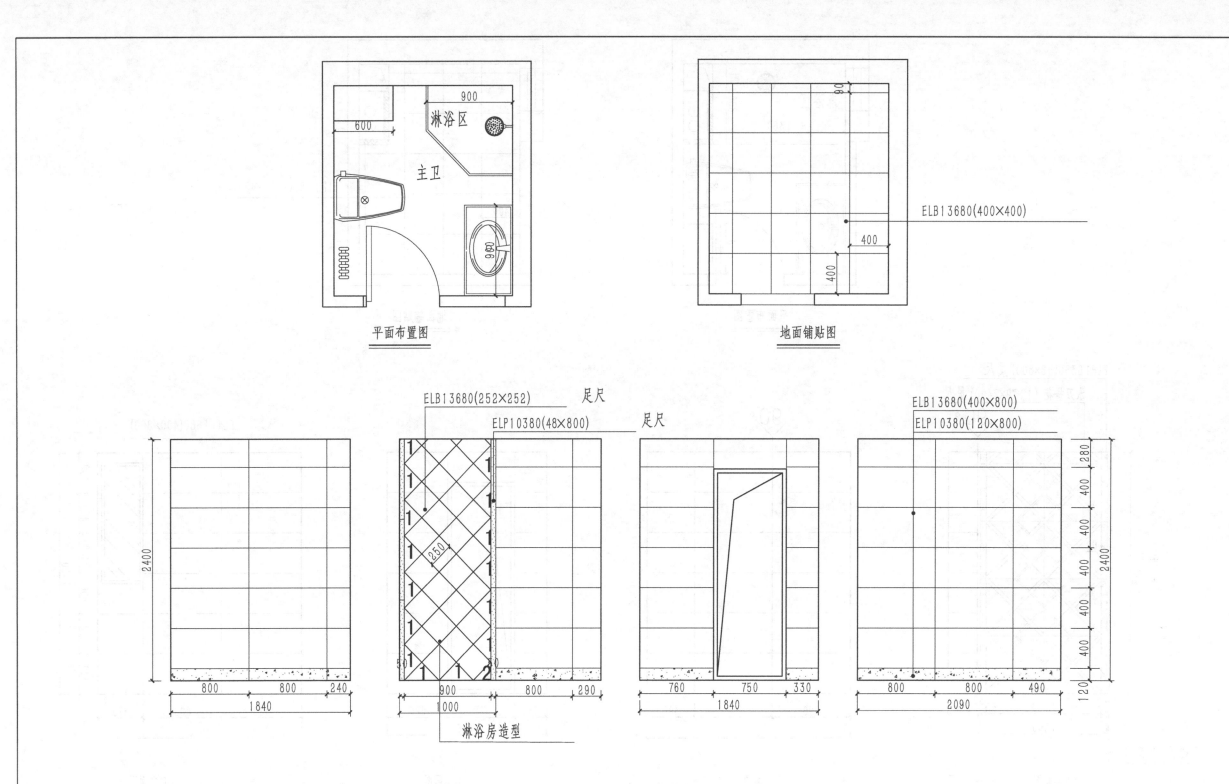

平面布置图

地面铺贴图

ELB13680(400×400)

淋浴区

主卫

600

900

400

400

90

2400

ELB13680(252×252) 足尺

ELP10380(48×800) 足尺

ELB13680(400×800)

ELP10380(120×800)

250

800   800   240

1840

900   800   290

1000

760   750   330

1840

800   800   490

2090

280

400

400

400

400

2400

120

淋浴房造型

主卫立面图 1:30

图例	说明
⸬	五孔插座

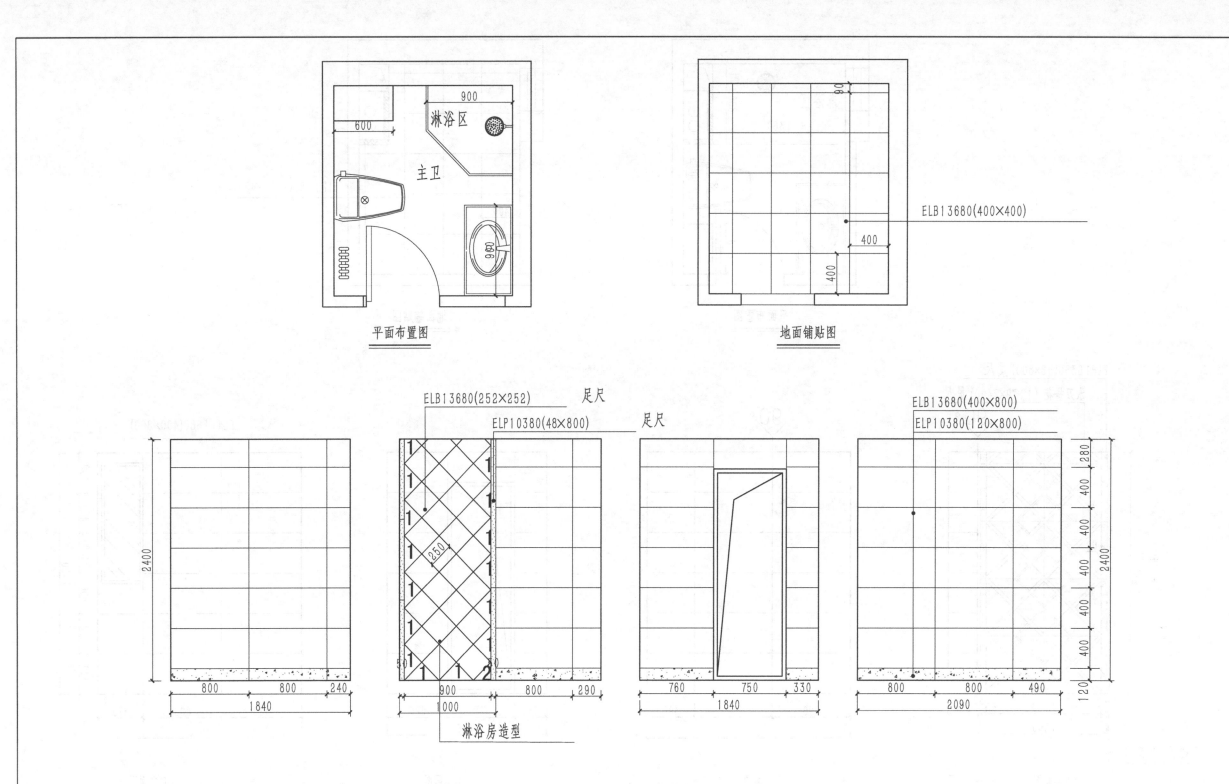

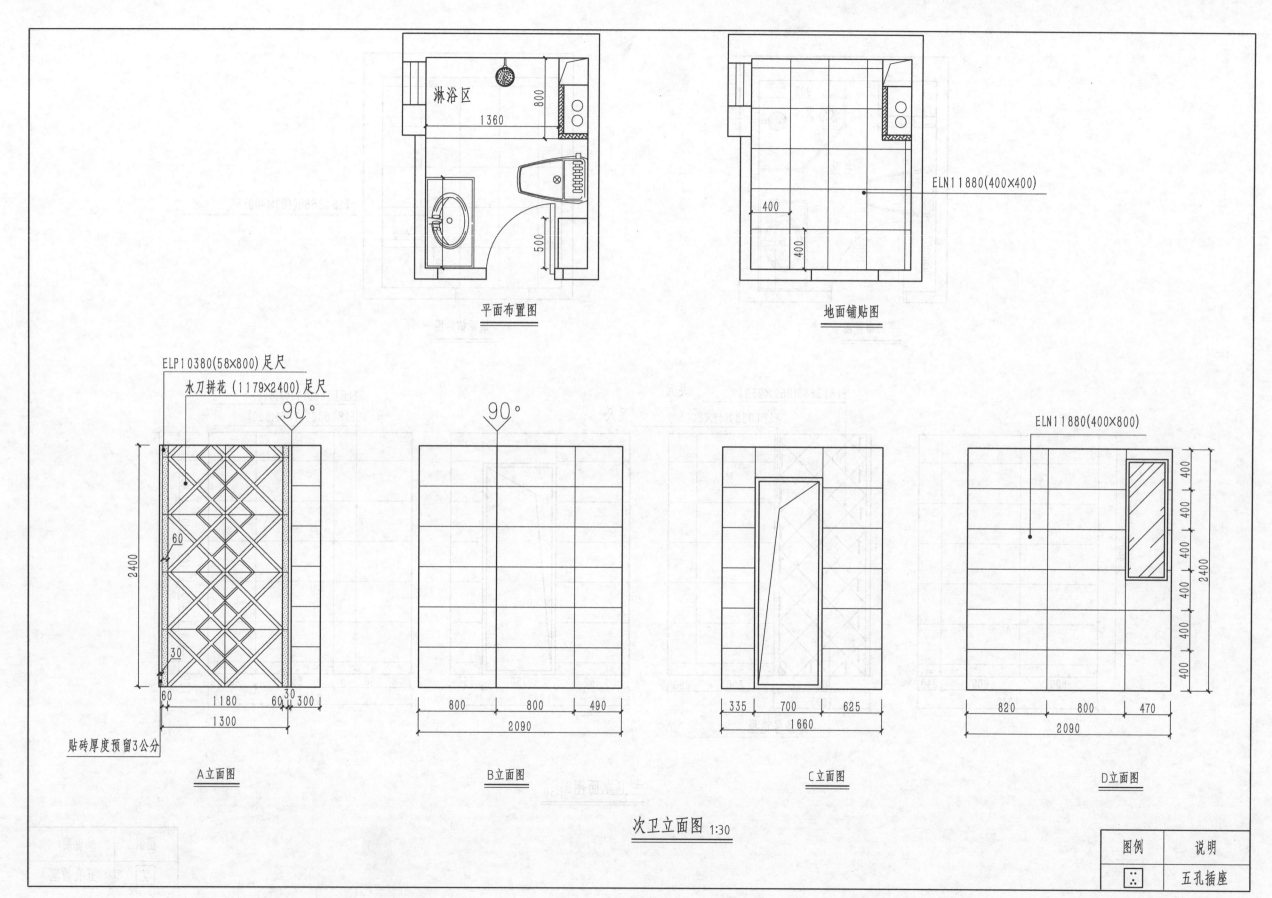

淋浴区

1360

800

500

ELN11880(400×400)

400

400

平面布置图

地面铺贴图

ELP10380(58×800)足尺

水刀拼花 (1179×2400)足尺

90°

90°

ELN11880(400×800)

400
400
400
400
400

2400

2400

60

30

60 1180 60 30 300

1300

贴砖厚度预留3公分

A立面图

800 800 490

2090

B立面图

335 700 625

1660

C立面图

820 800 470

2090

D立面图

次卫立面图 1:30

图例	说明
:·:	五孔插座